TRATADO SOBRE O

CANHAMO

de 1728

TRATADO SOBRE O

CANHAMO

de 1728

Copyright © 2021 (desta edição) Faria e Silva Editora

Editor
Rodrigo de Faria e Silva

Revisão
o editor

Projeto gráfico
Carlos Lopes Nunes

Diagramação
Estúdio Castellani

Capa
Carlos Lopes Nunes

Os dois livretos aqui publicados fazem parte do Acervo da Biblioteca Brasiliana Guita e José Mindlin. Foi mantida a ortografia original do documento de século XVII.

Dados Internacionais de Catalogação na Publicação (CIP)

Marcandier;
Tratado sobre o Canhamo / Marcandier – Trad. Martim Francisco Ribeiro D'Andrade. – São Paulo: Faria e Silva Editora, 2021.
104 p.
ISBN 978-65-89573-17-3

1. Bibliografia Brasil

CDD 015.81

FARIA E SILVA Editora
Rua Oliveira Dias, 330 | Cj. 31 | Jardim Paulista
São Paulo | SP | CEP 01433-030
contato@fariaesilva.com.br
www.fariaesilva.com.br

PÁG.

LIVRO **1** *DESCRIÇÃO SOBRE
A CULTURA*
do **CANAMO OU
CANAVE**

9

PÁG.

LIVRO **2** *TRATADO
SOBRE
O*
CANHAMO

29

LIVRO
1

DESCRIPÇAÕ
SOBRE
A CULTURA
DO
CANAMO,
OU
CANAVE,

Sua colheita, maceraçaõ n'agua, até se pôr no estado para ser gramado, ripado, e assedado.

TRADUZIDA E IMPRESSA
POR ORDEM
DE SUA MAGESTADE.

LISBOA,
Na Offic. de JOAÕ PROCOPIO CORREA DA SILVA,
Impressor da Santa Igreja Patriarcal.
ANNO M. DCC. XCVIII.

DESCRIÇÃO SOBRE A CULTURA
do **CANAMO OU CANAVE**

Sua colheita, maceração na água, até se pôr no estado para ser gramado, ripado e afetado.

Traduzida e impressa por ordem de sua majestade.

Lisboa, na Oficina de João Procópio Correa da Silva, Impressor da Santa Igreja Patriarcal

(MDCXCVIII) – Ano 1698

I

QUAL É A TEMPERATURA DO AR, QUE CONVÉM MELHOR AO CÂNHAMO.

O Cânhamo não cresce também nos países quentes, como nos climas temperados e se cria muito melhor nos países frigidíssimos, como o Canadá, Riga, & c., os quais produzem abundância de linho que é o melhor. Emprega-se todos os anos uma grande quantidade do Cânhamo de Riga, na França, na Inglaterra, e principalmente na Holanda.

II

QUAL É A TERRA, MAIS PRÓPRIA PARA O CÂNHAMO.

É preciso para o Cânhamo uma terra branda, fácil de lavrar, um pouco ligeira, porém fértil e bem estercada. Os terrenos secos não são próprios para semear o cânhamo porque não cresce muito neles, antes pelo contrário é sempre baixo, e o linho, que produz é ordinariamente lenhoso, o que o faz duro, e elástico. Todos estes defeitos são consideráveis, principalmente para fazer as maiores cordagens como veremos adiantes.

Com tudo nos anos chuvosos é melhor semeá-lo nos terrenos secos, do que nos terrenos úmidos. Porém estes anos são raros, assim se deve semear ordinariamente a beira de um riacho, ou de algum feixe de água forte, que a água esteja muito perto, sem que produza inundação e estas terras são muito procuradas.

III

DOS ESTRUMES PRÓPRIOS PARA TEMPERAR A TERRA DOS LINHOS.

Todos os adubos, que fazem a terra leve são próprios para a produção do cânhamo por conseqüente, o estrume de cavalo, de ovelha, de pombo, o lodo das capoeiras se devem preferir ao estrume de boi e de vaca e não sei se por acaso se deve usar também, para estrumar os Linhos de barro, e chamado mame.

É preciso estrumar todos os anos os Linhaes, antes da lavoura do Inverno, para que o estrume tenha tempo de se consumir, durante esta estação e para que se misture mais intimamente com a terra, quando se fazem as lavouras da Primavera.

O estrume dos pombos é o único, que se espalha nas últimas lavouras, para se tirar dele melhor proveito, com tudo quando a Primavera é seca, se deve temer que o estrume venha a queimar a semente o que não sucederá, se espalhar no Inverno, porém neste caso é melhor deitar mais estrume, porque, fazendo o contrário, resultariam menos proveitos.

IV

DAS LAVOURAS, QUE SE DEVEM DAR AO LINHAES.

A primeira, e a mais considerável destas lavouras, se devem dar nos meses de dezembro e janeiro. Há pessoas, que costumam fazer com a charrua, lavrando a terra por traços, ou reges, outros costumam fazer com a enxada, formando com ela reges, para que as geadas do inverno amoleçam melhor a terra, a também outros, que a fazem com a pá de ferro com a qual fazem os valados. Este modo é sem contradição melhor, que os outros, porém é mais dilatado, e mais trabalhoso pelo contrário a Lavoura da charrua é a mais expedita, porém menos proveitosa.

Na primeira se deve preparar a terra para efeito de receber a semente, lavrando-a duas, ou três vezes, de quinze em quinze dias, ou de três em três semanas, e depois disto, se deve alisar o terreno.

Deve-se observar que estas lavouras se devem, ou se podem fazer como aquela, que se faz no inverno com a charrua, enxada, ou com a sobredita pá.

Finalmente, quando estas lavouras são feitas, é que ficam alguns torrões, se devem pisar com uns malhos porque é preciso, que todo o terreno do linhal esteja tão unido, e tão móvel, como o canteiro de um jardim.

V

DE TEMPO E DA MANEIRA DE SEMEAR, A LINHAÇA.

Costuma-se semear a linhaça no mês de abril, alguns a semeam quinze dias mais cedo, que os outros, e todos correm diferentes perigos, porque aqueles, que a semear muito cedo devem sumamente temer as geadas da primavera, que causam grande prejuízo ao cânhamo, novamente nascido, e aqueles que semearem muito tarde, devem temer as securas, que impedem algumas vezes o nascimento do cânhamo.

A linhaça se deve semear espessa, porque, tendo semeada rala, viria a ser o cânhamo muito grosso, a casca muito lenhosa, e a fibra muito dura, o que é um grande defeito, com tudo quando a linhaça se semea muito espessa, ficam muitos pés pequenos, e abafados pelos outros, o que é também um inconveniente. É preciso, pois observar um meio, e ordinariamente os Linhaes não são ralos, senão quando parece uma parte da linhaça por causa das geadas, da secura, ou quaisquer outros acidentes.

Assim se deve observar, que a linhaça é uma semente oleosa, porque estas fortes sementes se fazem rançosas com o tempo, então não nascem, por conseguinte é preciso fazer de forte, porque senão semear mais, que, a linhaça da ultima colheita, porque quando se semear aquela, que tem dois anos, muito gráos não nascem, e se for mais velha, nasce muito menos.

Logo que se semear a linhaça, é preciso enterrá-la, esta operação se faz com uma grade, se a terra foi lavrada com a charrua, ou com um ancinho, se foi lavrada com a enxada ou pá.

Além desta precaução é preciso guardar com cuidado o linhal, até que a linhaça esteja inteiramente nascida, por causa da quantidade de pássaros, e principalmente de pombos, que o destroem extraordinariamente, é, verdade, que os pombos não esgravatam, nem outros muitos pássaros, e não fazem dano aos gráos de trigo, que se acham cobertos de terra; porém danificam muito a linhaça, ainda que esteja bem coberta, porque a diferença, que a entre elas duas sementes, é que os gráos de trigo não saem da terra juntamente com a erva, que produzem: porém a linhaça sai inteiramente com a pequena planta, que produz e é neste tempo, que os pombos, e outros pássaros lhe causam grande dano porque comendo o grão da linhaça, arrancam a planta, e a destroem absolutamente.

Os camponeses, contudo, fazer fugir os pássaros com espantalhos, e fazem guardar os linhaes por seus filhos. Estas precauções não são suficientes, quando os linhaes são muito grandes, e que os pombos estão famintos; porque tenho visto pessoas muito robustas, e ligeiras, e também alguns cães desamparar o linhal, por estarem excessivamente cansados, porém esse trabalho não dura muito tempo, porque quando tem lançado muitas folhas, não é preciso guardar os linhaes.

VI

DO CUIDADO, QUE SE DEVE TER COM O LINHAL ATÉ A SUA COLHEITA.

Os linhaes, que custam muito trabalho até ao nascimento da linhaça, não dão trabalho algum, até ao tempo da colheita, assim é precisa entreter somente os fossos, e impedir que os animais não danifiquem.

Contudo quando as securas são grandes, há camponeses, que costumam regar os seus linhaes, porém é preciso, que sejam feixes pequenos, e que a água esteja perto, exceto que se possam regar por imersão, como se pratica em alguns lugares.

Temos dito que aconteciam algumas vezes acidentes á linhaça, que faziam o linhal ralo, e temos também observado que então o cânhamo era grosso ramalhudo e incapaz de produzir boa fibra, neste caso é preciso fechá-lo para tirar maior fruto do linhal, e para impedir que as más ervas sufoquem o cânhamo.

VII

COLHEITA DO CÂNHAMO MACHO.

No princípio de agosto, os pés do Cânhamo, que não tem semente, aos quase o vulgo chama cânhamo fêmea, e que nos chamamos macho, principiam a fazer--se amarelos na parte superior, e brancos na inferior que é um sinal evidente de ficarem capazes de se arrancarem; então as mulheres entram no linhal, e arrancam todos os pés machos; dos quais fazem feixinhos, que põem por ordem no chão tendo grande cuidado de não danificar o cânhamo fêmea, porque deve ficar na terra algum tempo mais, para acabar de amadurecer a sua semente.

Depois de ter arrancado o cânhamo macho se fôrma dele feixinho, deve-se tomar cuidado, que as plantas, que os formam, sejam de um igual comprimento pouco mais, ou menos, que todas as raízes sejam iguais, finalmente cada feixinho se deve atar com um raminho de cânhamo.

Depois disto se deve expor ao sol para fazer secar as folhas, e as flores quando são secas se fazem abrir, batendo cada feixinho contra o tronco de uma árvore, ou contra uma parede, e se juntam várias destes feixinhos, para formar deles outros maiores, e transportados para o lugar aonde se devem deitar de molho.

VIII

COMO SE DEVE CURTIR OU DEITAR DE MOLHA O CÂNHAMO.

O Lugar, aonde se costuma curtir o linho cânhamo, é um fosso, que deve ter dezoito, ou vinte e quatro pés de comprimento, doze ou dezoito de largura, e três ou quatro de profundidade, qual se deve encher de água, que se transporta para o dito lugar de alguma fonte próxima e se houver ocasião, seria melhor introduzir no dito fosso por meio de algum aqueduto.

Ao, para evitar algum trabalho, quando fosso está cheio, se deve deixar um lugar livre, para que a superfície da dita água, se possa vaiar.

Há várias pessoas, que, desprezando este modo de curtir o cânhamo, fazem somente um simples fosso na borda de um rio, há outras que o molham mantendo-o no mesmo rio finalmente quando as fontes, e os rios estão muito longe, e costumam curtir nos fossos cheios de água, ou nas lagoas.

Quando se quer curtir o cânhamo, se póem em ordem, no fundo d'água, cobrindo-o com uma pouca de palha, sobre a qual se póem alguns pedaços de pão, ou de pedra para segurar o cânhamo.

O cânhamo se deve deixar neste estado ate que a casca, que produz a fibra se despegue facilmente do ralo, que se acha no meio da planta, a qual se deve verificar de tempo em tempo, para ver se a dita casca se despega com facilidade do dito ralo, e quando, se despegar facilmente, se deve tirar do fosso onde se acha.

A operação, de que falamos, não somente ferve para fazer abrir a casca do cânhamo, mas também para atentar, e afinar a fibra para melhor compreender, como a água produz este efeito, é preciso ter uma idéia da disposição orgânica de uma até do dito cânhamo, assim a vou dar o mais breve, que for possível.

As hastes do cânhamo são ocas inteiramente, e cheias de uma tenra medula, sobre esta medula a um pau tenro e quebradiço, que chama talo ou cana, sobre o qual se acha uma casca bastante delgada, composta de fibras, que se estendem ao comprimento da haste a casca bastante pegada a dita cana, e as fibras longitudinais. De que a dita casca é composta se juntam umas, a outras por meio de um tecido ventricular, ou celular finalmente tudo isto se acha coberto de uma finíssima membrana, que se pode chamar epiderme.

O medidor do cânhamo na água não é para outra coisa mais, senão para que a casca se despegue da cana mais facilmente, para destruir a epiderme, e uma parte do tecido celular, que ligado juntamente as fibras longitudinais. Tudo isto produz por um principio de podridão; por cuja causa senão deve ter muito tempo na água; porque então não somente a epiderme se corromperia, mas também prejudicaria as fibras longitudinais, e não teria força alguma: pelo contrario quando o cânhamo não fica na água o tempo necessário, casca esta pegada ao talo, e a fibra fica dura e elástica, sem se poder nunca afinar perfeitamente, assim se deve observar um meio, que conflite não somente no tempo, que deve estar de molho, mas também:

I. Na qualidade da água; porque é melhor curtir o cânhamo na água encharcada, e turva, que naquela, que corre, e que é melhor.

II. No calor do ar; porque é mais útil curtir, quando faz calma, do que quando faz frio.

III. Na qualidade do cânhamo porque aquele que se cria em uma terra branda e úmida, e que se colhe algum tanto verde, se curte mais depressa, que aquele que se cria em uma terra forte, e seca, e que se deixa amadurecer muito.

Finalmente quando o cânhamo está pouco tempo na água para se curtir, a sua fibra é melhor por cuja causa senão deve curtir senão no tempo quente, e quando os outonos são frios, a pessoas, que guardam o cânhamo fêmea para a primavera seguinte, para então se curtir e há alguns, que julgam ser melhor curtir ele na água encharcada, e morta, do que na água viva.

Mandei curtir o cânhamo em diferentes águas, achei mais suave aquela, que tinha sido curtido na água encharcada do que aquela, que foi na água corrente; porem a fibra; que se tira do cânhamo curtido na água encharcada, adquire uma cor desagradável, que lhe não causa verdadeiramente prejuízo algum; porque se faz branca com facilidade; porém esta cor desagrada, e faz-lhe perder a venda, assim se deve ter fazer passas pelo meio do lugar aonde o cânhamo se, curtiu numa pequena corrente de água para se notar aquela que antecipadamente se deitou no fosso, e para prevenir, que senão corrompa: cheguei a curtir o cânhamo estendendo-o sobre um prado, como fazem as lavadeiras, quando querem corar a roupa; porém este modo de curtir é muito custoso, e além disto a fibra tem pouca diferença daquela, que segundo é a melhor.

Fiz também a experiência de mandar ferver o cânhamo na água com a esperança de o curtirem pouco tempo; porém tendo fervido mais de dez horas, o tirei da água, e fazendo secar, achei que não se podia calcar. E verdade que o mandando eu calcar, estando ainda molhado e quente, a casca se despegava facilmente: porém ficava, como uma fita, e não se tendo destruído o tecido celular, as fibras longitudinais ficavam juntas, umas com outras, de forte que se podendo reparar era impossível afinar bem a fibra, pelo referido se mostra evidentemente, que não, pode terminar a tempo, que o cânhamo tem de ficar na água, porque a qualidade do Cânhamo na água, e temperamento do ar afrouxam, ou precipitam esta operação. Alguns julgam que a cânhamo está bastante curtido, quando a casca se despega facilmente da cana, e isto ajuda muito aos lavradores, que cultivam esta planta a não lhe darem, senão o grão de curtidura, com tudo se não me engano, algumas vezes, e me parece, que é preciso: com há províncias, aonde se costuma curtir mais tempo, do que em outras. Não posso deixar de advertir, que deve haver muita cautela em não curtir o cânhamo em certas águas, aonde se acha alguns pequenos bichos chamados lagostins, porque roem o cânhamo, e a fibra fica quase perdida.

IX

DA COLHEITA DO CÂNHAMO FÊMEA.

Quando tratamos do cânhamo macho, dissemos que se devia deixar ainda algum tempo na terra o cânhamo fêmea para que a sua semente acabasse de amadurecer: porem esta dilação faz amadurecer muito o cânhamo fêmea, e faz também, que a sua casca, venha a ser muito lenhosa, onde se segue que o linho, que se tira da dita planta: é mais grosseiro, e mais solto que aquele, que se tira do cânhamo macho; assim quando se vir, que a semente esta bem formada, se deve arrancar o cânhamo fêmea do mesmo modo, que se arranca do macho, do qual se devem formar feixinhos, e pólos na mesma ordem, que dissemos acima.

Em alguns países se costuma acabar de amadurecer a linhaça, mexendo o cânhamo fêmea em algumas covas redondas da profundidade de água pé, e de três, até quatro de diâmetro, e pondo no fundo destas covas ou feixinhos de cânhamo bem unidos uns com os outros, de modo que a linhaça fique para baixo, e a raiz da planta para cima, e atando os feixinhos do cânhamo com ligaduras de palha, para ficarem bem juntos, e ralo das covas, para que as cabeças do cânhamo fiquem bem abafadas. As cabeças do cânhamo se aquecem com o auxilio da umidade, que se contem na dita cova; do mesmo modo que se aquece um montáo de feno verde, ou um montáo de esterco: este calor acaba de amadurecer a linhaça, e a dispóem para fazer da sua casca mais facilmente. Quando a linhaça esta madura, o cânhamo se tira fora da cova, porque criaria bolor, se o deixarem mais tempo na cova, do que é necessário.

Em alguns países, aonde há muitos cânhamos, e náo costumam enterrar do modo que acabo de dizer: porem costumam por os feixinhos em tal ordem que ficam cabeça com a cabeça e alguns dias depois tiram a linhaça do modo, que vou dizer.

X

DA COLHEITA DA LINHAÇA.

Aqueles que tem pouco cânhamo costumam entender um pano no cháo para receber nele a sua semente, outros a limpáo, e preparam um lugar bem úmido, ao qual estendem o cânhamo, pondo as cabeças de um mesmo lado e depois disto as batem ligeiramente com um pau, ou com um mangual, esta operação faz abrir a linhaça, a qual costuma pô-la de parte, para semear na primavera seguinte, porém como fica ainda muita linhaça nas cabeças do cânhamo, esta se tira penteando as ditas cabeças com os dentes de um instrumento, chamado ripador, o tempo as folhas com a linhaça, tudo misturado juntamente: costuma-se guardar tudo isto em um montão alguns dias, e depois se estendem ao sol para se secar: finalmente tudo aquilo se bate depois de seco, e se limpa a linhaça, joeirando-a, ou passando-a por um crivo: esta segunda semente serve para fazer óleo de linhaça e para nutrir as aves domesticas. Finalmente se costuma levar o cânhamo ao lugar, onde se curte, para se preparar do mesmo modo, que o cânhamo macho.

XI

O QUE É PRECISO FAZER PARA TIRAR O CÂNHAMO DO LUGAR, AONDE SE DEITOU DE MOLHO.

Quando se tirar o cânhamo do fosso, aonde se curtiu se devem delatar os feixinhos para efeito de se secar, estendendo-os ao sol ao longo de um muro ou em um lugar, em que não haja absolutamente umidade: deve-se ter muito cuidado de virar os ditos feixes de tempo em tempo, e quando o cânhamo efetivar bem seco, se deve por outra vez em feixes, e transportar eles para a casa, onde se quer recolher em lugar seco, até que o queiram tascar.

N. B. Esta obra é precursora de outra maior, em que se continuará essa Memória, que é de M. Dubanel e te dará tudo o mais que tem escrito sobre esse assunto, até entrar na cordoaria.

FIM.

LIVRO
2

TRATADO
SOBRE
O
CANAMO,
COMPOSTO EM FRANCEZ
POR
Mr. MARCANDIER,
Conselheiro na Eleição de Burges.
TRADUZIDO
DE ORDEM
DE SUA ALTEZA REAL
O
PRINCIPE DO BRAZIL,
NOSSO SENHOR
Em beneficio d' Agricultura, e Marinha do
Reino e Dominios Ultramarinos,
POR
MARTIM FRANCISCO RIBEIRO
D'ANDRADE,
Bacharel em Filosophia, e Mathematicas,
PUBLICADO
Por Fr. José Marianno da Conceição Velloso
*Jubet amor patriæ, natura juvat, sub
numine crescit.*

LISBOA. M. DCC. XCIX.

NA OF. DE SINÃO THADDEO FERREIRA.

TRATADO
SOBRE
O
CANHAMO

de 1728

Il n'y en a point qui fournisse tant à l'homme, elle raporte méme plus que la bled. Nouv. Mais. Rust. Tom. 1. pag 680.

Não há planta alguma, que seja tão útil ao homem: ainda excede ao grão frumentaceo.

SENHOR

Apresento a VOSSA ALTEZA REAL o Tratado do Linho Cañamo, escripto em França por M. Marcandier, Conselheiro em a Eleição de Burgues, e traduzido por Martim Francisco Ribeiro e Andrade, Bacharel em Filosofia e Mathematicas, para ser espalhado pelos Agricultores deste Reino, e Dominios Ultramarinos em conformidade, ás Reaes Ordens de VOSSA ALTEZA REAL. Eu me lisongeo que dentro em pouco tempo, segundo as sábias medidas, que VOSSA ALTEZA REAL tem tomado, haverá de própria lavra o Cañamo preciso para abastecimento de ambas as Marinhas Real e Mercantil; e ainda sobras, para se permutarem com as Nações estranhas, que não o tiverem. Este be hum dos objectos de primeira necessidade para as Potências Marítimas, como a nossa, de que VOSSA ALTEZA REAL goza o Supremo commando, è huma inaufèrivel Soberania. Este escrito, que não deixa de ser hum dos melhores, que se tem publicado em França; a Collecção dos Papeis Inglezes; que já tive a honra de apresentar a VOSSA ALTEZA REAL, impressa; e outra de differentes papeis igualmente Francezes, que está prompta a subir á Real Presença de VOSSA ALTEZA REAL próvão assáz de quanta contemplação seja este objecto, e por consequencia a energia, com que se deve procurar o reestabelecimento de bum bem, de que até agora temos sido privados.

As luzes de VOSSA ALTEZA REAL, e os desejos, que tem o seu Augusto Coração, de tirar esta Monarquia da jazeda da indifferença, da mornidão, e da tepidêz, em que tem estado á annos, nos são hum seguro penhor, que, sem o encadeamento de muitos, apparecerá no Universo com outra face muito mais brilhante. Deos, que exalta, e abate os Impérios, prospere o de VOSSA ALTEZA REAL pelos annos da nossa necessidade. Assim o deseja, e pede

De VOSSA ALTEZA REAL

o mais humilde Vassalo
Fr. José Marianno da Conceição Velloso.

AOS AMADORES DAS ARTES.

Sendo o principal objecto desta Memoria o aperfeiçoar as Artes, cujo conhecimento, e uso são tão espalhados, como necessários, pensamos que não era menos conveniente interessar, assim aos seus Cultivadores, como aos seus Protectores. A estes últimos pois consagramos, dedicamos, e oferecemos esta obra. Sujeitamos as luzes de ambos os nossos exames; e se o que dissemos tiver a desventura de não agradar a todos, confiamos, que aquella parte, que elles houveram de approvar, obterá, ao menos, a sua indulgencia para a outra, que não merecer a sua approvação.

O Author.

MEMÓRIAS FRANCEZAS
SOBRE A CULTURA
do **LINHO**
CANHAMO

*TRATADO
SOBRE O MESMO*

por Mr. MARCANDIER

ADVERTÊNCIA DO AUTHOR.

A MEMÓRIA sobre a preparação do Cañamo, distribuída em 1755 por Mr. Dodart, Intendente do Berri, para o uso desta Província, excitou a curiosidade do público, tanto sobre a natureza, e propriedades desta planta, como sobre sua origem, e historia.

Ainda que tão sómente se destinasse esta pequena obra para instrucção dos Artistas; algumas pessoas respeitáveis, e particularmente os Jornalistas de Trevoux, que derão huma conta favorável dela no mez de Janeiro de 1756, desejavão que, nesta oceasião, se ajuntasse tudo, quanto a historia pode subministrar de mais útil a respeito do uso, que antigamente se fazia do Cañamo, e dos conhecimentos, que tinhão os povos da mais recuada antiguidade. Outros mais occupados das utilidades presentes, anciosamente exigirão relações mais circunstanciadas, tanto sobre a cultura, e preparações desta planta, como sobre os diversos usos nas manufacturas.

Desejando satisfazer a huns, e outros, trabalhei por inserir neste breve Tratado as indagações, e reflexões, que comprehendem tudo, quanto a matéria do Cañamo offerece de mais curioso aos sábios, e de mais útil aos Artistas.

Porém tão me lisonjeando de ter dito tudo, quanto abrange huma matéria tão interessante, e extensa, sobre a qual me restão tantas experiências por fazer, espero, que o primeiro successo deste ensaio será de animar as pessoas mais hábeis a reflectirem com mais cuidado, já sobre tudo, que diz respeito a esta preciosa planta, já sobre a diversidade dos seus usos, que ainda com muita imperfeição conhecemos.

Darei muitos extractos de differente Authores, que nos deixarão alguns conhecimentos desta planta, relativos á Medicina, e Artes; referirei também as observações econômicas, que são o principal objecto desta obra, e ajuntarei algumas reflexões sobre os máos methodos, fraudes, negligencias, e abusos, que grassárão neste gênero de trabalho, e commercio.

Em huma palavra, farei tudo, que me for possível, para preencher meu dever, esperando o mais do Governo, e do público.

TRATADO

do CANHAMO

RASGAR os escuros véos da antigüidade mais remota; examinar com nossos primeiros pays os campos, e florestas, (1) escolhendo, de todas as plantas, que cobrião a superfície da terra, aquellas, que parecião ter-lhes sido em todo o tempo as mais úteis, e necessárias, conhecer finalmente a origem do Cañamo, e referir o modo, porque o gênero humano delle se servio desde a sua infância, he huma empreza tanto mais difficultosa, quanto, os historiadores são escassos em dar melhores luzes a respeito desta planta, como porque ignoramos, a quem se deva sua descoberta, e usos.

He provável, que esta planta, tendo sido reconhecida, e cultivada muito tempo antes da historia, aquelle, que primeiro escrevesse, julgasse desnecessário fallar de huma coisa já tão conhecida, e trivial.

Por tanto supponho, que o acaso, ou a necessidade, estas duas grandes fontes de invenção, descubrirão aos homens esta planta, tanto commum, como preciosa. O primeiro, que; della se utilisou, talvez necessitava de hum cordel próprio para atar hum ramo, ou fazer hum cinto: achando no Cañamo a flexibilidade, e força, necessárias. Examinou esta planta. Bastou isto, para o fazer conhecer a sua família, e visinhos; todos reconhecerão a utilidade desta producção para qualquer sorte de ligaduras. Sendo urgente a necessidade de multiplicar, e familiarisar huma planta, que parecia tão util, cultivárão-na, correndo talvez muitos séculos, durante os quaes não se tratou de separar a casca da palha: depois reconheceo-se, que desta separação resultaria hum uso mais consideravel, e mais extenso. Agora facilmente se acreditará, que o primeiro modo de macerar certamente não foi tão exacto, como o presente. Sem dúvida, se principiou por fazer cordas (2) como ainda até agora os pastores fazem nos campos: daqui o passo mais natural, que se podia dar, era, ou estabelecer cordoarias, ou fiallo, e depois tecello (3), e com que imperfeição! Porém como as Artes se aperfeiçoão por degráos, da mesma sorte, que os homens, depois de milhares de annos fizerão se bellas téas; e tão somente pessoas experimentadas poderião distinguir as téas do Cañamo das de linho.

Herodoto, o mais antigo dos Historiadores, nos ensina no quarto livro da sua Historia que em seu tempo se cultivava na Thracia huma espécie de Cañamo, bem semelhante ao linho, tão somente com a differença de ser seu tronco mais comprido, que o do linho: além disto nos assegura ter possuído Cañamo cultivado, e salvagem, sendo cada huma destas especies preferível a todas as da Grécia. Os Thracios (4) fazem vestidos de Cañamo tão agradáveis á vista, como os de linho, os quaes não se podem differençar, huma vez, que senão for perito nesta so te de obras.

Se he constante, pelo que acabo de referir, que muito tempo antes da Era Christã, se cultivava o Cañamo, tanto na Thracia, como na Grécia (5) e delle se fazião mui bellas téas, he impossivel conjecturar a razão, porque as outras Nações visinhas, ou aquellas, com quem estes povos se correspondião, totalmente ignoravão seu uso. Porque causa os Chaldeos, os Babylonios, os Persas, e os Egypcios não se servirão delle ao menos para enxarcias (6) sendo este o primeiro uso, que naturalmente se apresenta? he de presumir que estes famosos edifícios tão gabados na antiguidade, sem exceptuar mesmo esta soberba torre, primeiro monumento da malícia, e industria dos homens, chegassem ao seu estado de perfeição sem o socorro das enxarcias.

Ainda que a Escritura Sagrada tão somente falle do linho todas as vezes, que se trata de panno, e vestidos, ainda que o texto Hebraico não pareça designar o Cañamo pelo nome, que vulgarmente lhe damos, depois dos Gregos, e Latidos, não he razão bastante, para que os Judeos totalmente ignorassem seus usos, e propriedades. O termo λίγογ, (7) ou linum, de que usarão os Traductores Gregos, e Latinos, deve considerar-se como huma destas expressões genéricas, de que a Língua Hebraica (8) e Chaldaica também fazia muito uso.

Na verdade, os Gregos usavão de huma espécie de giesta, Spartum σπæρτον (9) indígena da Hespanha para os usos da Marinha, e calafetar navios, por isso que resistia á agoa mais, do que o Cañamo, preferindo, porém, para os demais usos as cordas deste. Seria possível, que Ninive. Babylonia, Memphis, Palmira, Thcbas, e outras tantas Cidades célebres, ignorassem os usos de huma planta tão necessária, e usual!

Os Romanos fazião do Cañamo velas, e enxarcias para os usos do mar, (10) e da terra. Demais tinhão armazéns nas duas principaes Cidades do Império do Occidente; ajuntava se por ordem dos Imperadores em Ravenna, na

Itália, em Vienna, e nas Gallias todo aquelle Cañamo, que se julgava necessário para a equipagem de guerra. Costumava-se dar o nome de Procurador do Linificio das Gallias a todo aquelle, que tinha intendencia além dos Alpes, e o seu estabelecimento era em Vienna. Nos campos, os Lavradores usaváo do Cañamo para atar os bois á canga (11), e sem dúvida para todos os usos, que diziáo respeito á agricultura. Além disto sabemos, que faziáo pouco uso do linho, tendo o; e Vigenere, em Tito Livio, nos assegura que se serviáo do Cañamo; tanto assim que suas Leis, e Annaes eráo escritas em téas. (12) Nada táo commum, e trivial, como era a applicaçáo, que faziáo do Cañamo para guarnecer seus theatros, cobrir suas ruas, e praças públicas, seus amphitheatros, e torneios, a fim de fazer sombra aos espectadores dos espectaculos. Plin L. 19. C. i.

Marcial nos adverte, que os Romanos usaváo também do linho, para a meza, e que cada convidado ordinariamente trazia o seu guardanapo. (13) Logo náo ha dúvida, que o Cañamo era conhecido pelos antigos, (14) e usado na fabrica de teas, e enxarcias, tanto para o mar, (15) como para terra, tanto para os exercícios de guerra, como para os da lavoura; e se a maior parte dos Authores se serviráo algumas vezes do termo esparto (16) para significar cordas, ainda quando fossem de Cañamo, a razáo he porque suppunháo-no hum termo genérico, que competia tanto ao Cañamo, como ao linho, ou a outros semelhantes materiaes; (17) todas as vezes, que absolutamente se não determinasse à significação. Finalmente, quantos conhecimentos adquiririamos a respeito do uso, que se fazia do Cañamo na China, e Japão, em hum, e outro hemispherio, se acaso nos transmitissem suas historias com mais exactidão.

Lemos em Kolben que os Hotenttotes, em lugar do tabaco, servem-se de huma planta chamada Dakha, ou com esta a misturão, quando sua provisão de tabaco está quasi a acabar-se. Esta planta, segundo a opinião do referido, he huma espécie de Cañamo salvagem, que os Europeos semeão, principalmente para o uso dos Hottentotes, Histoire Generale des Voyages. L. 15. Hist. Nat. du Cap. Tirée de Kolben.

Posto que o conhecimento da Etimologia do Cañamo, não seja a primeira vista de summo interesse, com tudo julgo necessário não omittir isto, por isso que o meu dever he referir tudo, que há sobre esta planta. Huns pertendem, que sua etimologia se deriva do Céltico Canab(18); outros achão sua raiz na palavra grega Kàvvœ, ou Kavvn (19), originaria do hebreo Kanneh, em Latim Canna, em Francez Canne; e tanto assim, que a figura comprimento, e grossura de seu tronco he assas comparável ao da Canna. Por tanto assim como dizemos huma Canna de Assucar, huma Canna de junco, do mesmo modo se pode dizer huma Canna de Cañamo. As determinações de cada língua, em Grego kάvvalis, ou Kάvvalos, em Latim Cannabis, ou Cannabum, em Italiano Canapo, em Hespanhol Cañamo, são expressões próprias, e particulares a cada língua, cuja variedade em nada altera a significação da cousa.

Ordinariamente se distinguem duas espécies de Cañamo, huma salvarem, Cannabis silvestris, outra cultivada. Cannabis domestica. Esta ultima se subdivide em máscula fructifera, e em fêmea florifera, porém impropriamente, porque o termo fêmea devia competir antes a fructifera, do que a florifera.

O grão, e a raiz do Cañamo salvagem assemelháo-se aos do malvaisco; o tronco he menor, mais negro, mais áspero, e seu comprimento he quasi de pé e meio; suas folhas são bem semelhantes ás do Cañamo cultivado, porém mais ásperas, e mais negras.(20)

A raiz do Cañamo cultivado tem quasi seis pollegadas de comprimento, he esbranquiçada, lenhosa, única, seu quicio entranha-se perpendicularmente na terra, he fibrosa somente em duas linhas diametralmente oppostas, excepto se acha algum obstáculo; ou engrossa á proporção, que sustenta maior tronco. Seu tronco he redondo desde a raiz até a primeira ramificação; dahi por diante toma huma figura quadrangular. na superficie he arregoado, no interior tubuloso, além disto he lenhoso, e cuberto de huma casca verdeada, e filamentosa, aveludada, e áspera ao tacto: de distancia em distancia, esta casca he sustentada por seis pequenos cravos, que a prendem á Canna, bem como acontece em certas espécies de cravos regularmente dispostos sobre a mesma linha de circumferencia, pouco mais, ou menos em proporções iguaes. Seu comprimento, e grossura he indeterminado, por isso que varia na razão dos terrenos, cultura, climas, e estações. Algumas chegão até a altura de oito, ou dez pés, á maneira das arvores (21); outras porém definhão, e difficultosamente medrão, de sorte, que apenas crescem até a altura de dons, ou três pés, e algumas vezes menos.

Hum grão de Cañamo semeado em hum terreno appropriado, ordinariamente produz hum tronco mui grosso (22), duro, ramoso, e semelhante a hum arbusto. Se chega ao estado de fructificar, então seus grãos são em grande número, e muito boa qualidade; porém a sua casca, por isso que muito dura, e espessa, será pouco própria para as obras, que lhe convem. Pelo contrario os grãos plantados, huns ao pé dos outros, em huma terra bem amanhada produzem troncos direitos, unidos, simplicissimos, mais delgados (23), e tenros, cubertos de huma casca doce, fina, e sedosa, assás útil para muitos usos. Suas folhas, que são pecioladas, nascem duas a duas, no mesmo ponto de apego, porém diametralmente oppostas; são cortadas em muitos segmentos, estreitas, oblongas acabando em ponta, dentadas, venosas, de cor verde escura, rudes, dotadas de cheiro forte, e atordoador.

As flores, que nascem sobre o tronco do Cañamo, chamado vulgarmente femea, tem seu ponto de apego nas axillas das folhas, sustentadas por hum pedunculo de quatro cachos dispostos em aspa: são despetaleadas, tem cinco estames, com antheras amarelladas, encerradas em hum calix partido em cinco foliolos, cor de purpura por fora, e esbranquiçada por dentro; estas flores não tem fructo algum, assim como os fructos dos troncos são igualmente destituídos de flor.

Não entrando na indagação da ordem, que a natureza segue na vegetação desta planta, basta tão somente saber – que ambas indistinctamente resultão do grão produzido por hum mesmo tronco, cuja differença nos he indicada somente pela germinação. Não se pôde assignar a quantidade, que resultará de huma, e outra espécie pela semeadura, nem ainda a relação, que tem entre si na fecundação; he somente no fim de cincoenta, ou sessenta dias, (24) que se pôde facilmente distinguillas; porém esta observação, té o preseute, parece ter sido de nenhuma conseqüência.

Os fructos, que são em grande número, nascem em feixes na extremidade dos troncos, e ramos: cada fructo acaba em hum estilo, dividido em dous no estado de embrião, e he cuberto de huma membrana, que o defende até chegar ao estado de perfeita madureza; então o pistillo tomando a figura de hum grão redondo, obriga a cápsula membranosa, que o encerra, á abrirse, deixando ver hum grão redondo algun tanto chato, polido, cinsento, luzidio, o qual contem dentro de hum casulo delgado huma amêndoa branca, tenra, doce, oleosa, e quando nova, de hum cheiro forte. A esta amendoa veste huma pellesinha verde, que finda em ponta do lado do germe, nella singularmente posto.

Este gráo, conhecido pelo nome de linhaça, he util não só por suas qualidades particulares, mas ainda por outras communs a quaesquer plantas. Sua substancia tomada na accepção de semente he molle, pingue, oleosa, e gommosa, tem a propriedade de fermentar, germinar, e até aquecer-se com huma igual facilidade; seus peros largos, tenros, e flexíveis recebem com avidez as impressões do calor, e da humidade, mandadas pelos succos alimentares de huma terra estrumada, solta, e bem amanhada; suas fibras, depois de germinarem com facilidade, desenvolvem-se, augmentão-se, e fortificão-se; sustentando-as, e conservando-as a gomma, único principio da sua união. Além das utilidades, que o seu óleo fornece á Medicina, também he muito usado para os candieiros, e pinturas grosseiras: a massa das amendoas serve para engordar porcos, e cavallos; entra na composição do sabão negro tão trivial nas manufacturas dos pannos, e carapuças; e serve para curtir as redes.

Hum gráo de linhaça visto por hum microscopio apresenta no principio huma epiderme cinsenta, venosa, cujas repartições são semelhantes a escama. Debaixo desta primeira pelle vê-se huma casca escura da cor de azeitona, interiormente muito lisa, composta de dous casulos, que abrem-se exactamente pelo meio, como as de huma noz, cuja sutura he imperceptivel. Sua amendoa cuberta de huma capa verde contem, á maneira de huma pequena laranja, hum germe allongado para hum dos lados, donde vem o ter a figura algum tanto chata: levantando-se esta pequena pelle, acha-se huma materia branca, formada de duas prominencias unidas á maneira de huma cabeça, muito distinctas, que inchão, abrem-se, e sepárão-se, apenas começão a germinar. Seu germe redondo, recurvado em toda a longitude exterior do grão, debaixo da sutura dos dous casulos, acaba em ponta, tomando a fórma de huma cauda, que se entranha pela terra para haver de firmar melhor sua raiz, a outra extremidade do germe, occulta interiormente entre as duas prominencias, que o encerrão, e conservão, tem a figura de huma lança (25) summamente delgada, donde rebentão as duas primeiras folhas, que apparecem, e que sem erro poderia suppor-se verdadeiro principio de germinação, e de vida. Estas duas prominencias metamorfoseão-se em duas espécies de folhas (26) espessas, e verdes, de figura oval, sem recortes que servem de preservar, e defender as folhas recem-nascidas.

Toda esta matéria parece muito pingue, e esponjosa; seus póros são tão abertos como os da neve: he sem dúvida da situação do germe, e flexibilidade da substancia, que a linhaça tem mais disposição, que outra qualquer planta, a aquecer-se, e germinar, apenas he semeada.

A casca, vista no tronco, fórma huma capa verde nodosa, escabrosa, ou espinhosa. Os nós, e espinhos são excrescencias da gomma, que compõe a casca, variando porém os gráos de força, e adherencia. Esta primeira gomnma superficial serve de apertar entre si as fibras do Cañamo, á maneira de hum betume, que encerra, defendendo-as das intemperies do ar, do pó, e da chuva:

lasca-se porém, desfaz-se, e quebra-se, quando a casca está macerada.

O lado interno he apertado, liso, e branco, as fibras são muito distinctas entre si, e descobrem-se perfeitamente em todas as dimensões, macerando-as do modo, que ensinamos. Ainda que se ignore, se o fio existe na planta independentemente das operações da artes; basta saber, que o trabalho consiste unicamente em alimpallo, e dividillo, separando as sedas que compõe a casca, e que esta espécie de fita he hu na meada natural, cujos fios estão unidos simplesmente no comprimento, por hum humor cujo, e glutinoso, que he necessario dissolver, e lançar fóra, por ser tanto prejudicial ao obreiro, como á obra. Estes fios são também huma gomma, porém de natureza diversa da gomma superficial, são flexíveis, fortes, e resistem ás fricções, que a primeira gonma de nenhum modo soffre. Cada fibra he composta de pequenos globos gommosos, muito delgados, transparentes, e brilhantes, quando estão sufficientemente despidos da gomma superficial, que os cerca, e cuja differença bem se conhece com o microscópio. Neste estado as fibras do Cañamo em nada differem das fibras do algodão, e da seda, motivo, porque suppõe-se homogeneas: a mistura, que estas materias experimentão na carda, em que parecem idênticas, he ainda huma prova convincente, do que estabeleço.

Sem dúvida achar-se-hião observações mais curiosas, e circunstanciadas na maior parte dos Authores, que analysaráo esta planta, se acaso se occupassem antes das utilidades, que fornece ás artes, do que das propriedades médicas.

Plinio nos assegura, que o grão do Cañamo he desecativo, e diminue a potência aos homens (27), quando o comem com excesso. Pelo contrario fecunda as gallinhas, a quem se dá de propósito no inverno, e he hum alimento assáz ordinário para as aves. Dissipa as flatulencias; he de difficil digestão, e prejudicial ao estômago; produz máos humores, e causa dores de cabeça (28). Antigamente entrava no número dos legumes, que se frigião para a sobremeza (29), delle se fazião pequenos confeitos, já para as consoadas, já para excitar a beber: porém de presente, este prejudicial guisado foi inteiramente bannido das mezas; porque aos que o comem em grande quantidade, aquece a ponto de occasionar vapores (30); assim os Médicos, que applicão a decocção deste grão ás crianças epilépticas, longe de as alliviarem, augmentao, e irritão seu mal. O succo (31), que se espremeo no tempo de verde, expelle dos ouvidos os bichos, e insectos, que nelles entrão. Tomado em emulsão (32) cura as tosses, ictericia e gonorrhea; seu óleo entra na composição das pomadas próprias para as bexigas, e tem a virtude resolutiva. Tomado internamente, ou applicado externamente náo tem as qualidades nocivas, que se attribuem á planta com as folhas; sua farinha misturada em qualquer bebida embebeda, e hebeta a todos, que della usão: sabe-se geralmente, que os Árabes (33) fazem huma espécie de vinho, que embebeda; os homens pobres usão do óleo do Cañamo para o tempero do caldo das panellas.

O grão, e as folhas verdes pisadas, e applicadas em fórma de cataplasmas sobre os tumores dolorosos passão por assáz resolutivos, e estupefactivos. O cheiro he summamente forte, e embebeda. He opinião quasi geral, que a agua, em que se macera o Cañamo, he hum veneno mortal, para os que o bebem; póde ser: porém o que o vulgo conta dos males causados aos peixes dos rios (34), e tanques, onde se macera o Cañamo, não merece credito, porque he sem duvida falso. Os peixes são amigos desta planta, e a procurão; e se por acaso acontecem alguns accidentes, tão somente póde ser em alguns reservatórios, onde a água ficando estagnada, emprenha-se do succo do Cañamo, e fornece em muita abundância aos peixes hum alimento delicioso, cujo excesso he sempre nocivo.

O que Plínio diz a respeito da grande virtude, que o Cañamo em fusão tem de coagular a água (35) não deve admirar todas as vezes, que se attender á qualidade, e quantidade da gomma, que ajunta todas as fibras desta planta, e que a compõe: he por este motivo, que se dá a beber ás égoas para lhes concertar o ventre. A decoeção do Cañamo verde com o grão, depois de bem espremido o bagaço, expelle os vermes da terra, sobre que se lançar, e todos se servem ordinariamente deste expediente, para os apanhar, quando necessitão.

Mathiolo suppõe, que também póde ter a virtude de lançar fóra do corpo as lombrigas. Os bois, e cavallos, que tem fluxo do ventre, costumão bebello, e sendo toda a substancia do Cañamo gommosa, não admira, que tenha a propriedade de adstringir o ventre, e o tornar menos lubrico; esta he a razão, porque o pó de suas folhas tomado em bebida he remédio para as desinterias, e o do Cañamo, que os obreiros respirão na acção do trabalho, lhes difficulta o exercício dos pulmões, e os torna quasi sempre asmaticos.

A raiz (36) cozida na água, e posta em cataplasma mollifica, e adoça as articulações dos dedos, que se deslocarão. He mui bom remédio na gota, e outras fluxões, que sobrevem ás partes nervosas, musculosas e tendinosas. Serena as inflammações; resolve os tumores, e calos, que sobrevem ás juntas. Pilada, e triturada com manteiga em hum almofariz, quando he fresca, e depois applicada sobre as queimaduras, mitiga infinitamente as dores, huma vez, que se tenha o cuidado de a renovar. O succo, e o cozimento desta raiz tem também a virtude de expellir os bichos do ano dos cavallos.

O tomento (37), que a roupa larga de si, e principalmente aquelles, que dão as velas dos navios, he de muito uso na Medicina; accrescendo a isto o terem as cinzas destas velas a mesma virtude, que a pedra calaminar, ou thutia. (38)

Depois de ter referido tudo, o que por minhas indagações pude colher da historia natural do Cañamo, e das utilidades, que os antigos delle tirarão, resta tratar do objecto mais interessante, que he a cultura.

A terra destinada para a plantação do Cañamo deve ser a melhor possível, ou esteja próxima (39) á casa, ou ao longo de hum regato, ou fosso, com tanto que não seja sujeita a inundações. Para a fertilizar, não se devem poupar estrumes, nem trabalhos. Por tanto he necessário estrumalla todos os annos, e para mais proveito, antes do trabalho do inverno, a fim de que os estrumes se consumão, e misturem mais intimamente com a terra, a qual prenhe por este modo dos novos saes aproveitar--se-ha mais das influencias desta estação, e fixará mais commodamente os saes volateis do ar, dos quaes ordinariamente abunda o inverno.

De todos os estrumes usados na plantação do Cañamo, o de pombo, ou outro qualquer bem attenuado he o único, que se deve empregar antes do ultimo trabalho; assim como se pratica em muitos lugares com successo. Nos paizes, em que as terras são fortes, he costume ordinário estrumar as terras já lavradas depois do Outono. Deste modo a terra acha-se mais solta, do que quando he simplesmente trabalhada. As neves, e chuvas, que as terras embebem durante o inverno, e os gelos ordinários desta estação, amortecem-na, por assim dizer, como acontece a huma pedra calcarea, e a destorroão de tal modo, que no mez de Fevereiro não se faz mais, do que ajuntalla por meio de huma lavoura prompta, e fácil. Então todas as suas partes, e moléculas mais tenras achão se summamente divididas, soltas e vivificantes.

De resto diversos terrenos exigem diversos modos de os preparar, e he da inspecção dos homens intelligentes substituir em cada lugar os melhores methodos aos máos usos, que até o presente terião subsistido.

O Cañamo he huma destas plantas, que a natureza, assim como a fez necessária, da mesma sorte a fez commum, e própria a todos os terrenos, e a todos os climas. He verdade, que os paizes extremosamente quentes são-lhe pouco accommodados; porém como esta planta gasta muito pouco tempo em conservar-se na terra, por pouco que os homens nella possão habitar, assenta-se que poderião cultivar o Cañamo. As estações chuvosas serião muito appropriadas para o semear, e quando elle chega a ponto de poder cubrir bem a terra, os orvalhos abundantes destes paizes bastarião unicamente para o conduzir ao estado de perfeita madureza. De certo não chegaria a tanta altura, como nos climas temperados, ou mais frios, porém talvez fosse de hum melhor uso.

Nós experimentamos, que nos climas temperados, taes como a França, o Cañamo cultivado nas Províncias Meridionaes he de melhor qualidade, do que he, o que se cultiva nas Províncias Septentrionaes, aonde as terras são gordas, e mais frias.

No Norte da America, e da Europa, a cultura do Cañamo he muito proveitosa, e he costume ordinário exportallo para Inglaterra, Hollanda, e França, com pezo, e detrimento dos nossos Lavradores. Seria impossível achar o meio de os animar e multiplicar! Que paiz, melhor do que a França, (40) está no pé de se entregar a este gênero de cultura, e de o aproveitar? Todas estas Províncias produzem Cañamo muito bom, e longe de nos utilizarmos, do estranho, deveríamos pôrmo-nos no estado de o vender. Guienna, Languedoc, Provença, Delphinado,

Auvergne, Bourgonha, e Berri tem Cañamo de excellente qualidade, e tão somente lhes falta aperfeiçoar a cultura, e preparativos.

A primeira, e mais importante destas lavouras, deve ser antes do Inverno. Para este fim huns servem-se da charrua, outros da enxada; ainda que este ultimo modo he sem contradicção o melhor, por isso que he mais profundo, e deixa a terra mais solta. No principio (41) da Primavera, dispõem-se por meio de novas lavouras, a receber a semente de maneira que não reste torrão de terra por cultivar, e toda a terra semeada fique tão solta, como a dos canteiros de hum jardim.

De todas as sementes do Cañamo são preferíveis as da ultima colheita, com tanto que o grão seja bem limpo, e grado. O grão de dous annos não seria tão bom, e o de três annos, ou mais, menos, e não germinaria todo. Não se deve semear nem muito junto, nem muito largo; (42) porque hum, e outro excesso he sujeito a inconvenientes inseparáveis. Com tudo he ainda mais damnoso semear muito junto; porque, além da perda da semente, que se teria podido poupar, o grão, que chupou huma grande parte dos succos para germinar, e sahir fora da terra, não acha huma quantidade sufficiente, que o conduza ao estado de perfeita madureza; então hum grande número de pés, mais morosos na vegetação, fica como suffocado (43) pelos outros, e se a plantação se conserva illesa, definha ao menos por falta de alimentos, e o Cañamo, que produz, he falto do comprimento, e força, que teria, se fosse semeado mais largo.

As primeiras sementeiras quasi nunca se principião antes do mez de Abril (44), e as mais tardias não passão do fim de Junho. A diversidade dos terrenos em huma mesma Província, assim como a mudança das estações são causa desta differenca. Este intervallo he muito necessário, tanto porque dá a facilidade de semear duas ou três vezes, como porque differentes accidentes fazem perder as primeiras sementes. Com tudo, os primeiros semeados ordinariamente nascem mais belos, se os gelos, ou calores os não opprimirem no principio da germinação, e crescimento. Os primeiros dias, que acompanhão a germinação desta planta, são ordinariamente os mais críticos; porém também, em pouco tempo, adquire bastante força para arrostar com os acontecimentos desastrados, que sempre sobrevem. Huma não aturada chuva, antes, e depois da sementeira, he muito vantajosa ao Cañamo.

Depois de a semear, he necessário enterralla, ou com a grade – se a terra for lavrada, ou com a charrua, ou com o ancinho, se for amanhada á mão, porém depois de bem cuberta a semente, não se deve perder de vista a plantação, em quanto a semente não brotar. As aves, e os pombos principalmente, devem-se de continuo evitar. Ainda que elles não esgaravatem, e não offendão os trigos novamente semeados, e bem cubertos, he de temer, que facão ao Cañamo, apparecendo á flor da terra no principio da germinação; quando pelo contrario os outros grãos ficão encerrados, e ocultos: assim os pombos vendo de longe este grão recemnascido, e já patente, arrancão-no, e tudo perece.

Pode se dizer – que he o único cuidado, que requer a sementeira do Cañamo, desde a plantação até á colheita. Aquellas, que estiverem ao longo de regatos, e rios, ou cercadas de algum fosso, podem regar-se, quando a falta de agoas for extrema. Nos paizes em que a situação permitte, faz-se por immersão: estes trabalhos, e cuidados do Lavrador são sempre mui vantajosos, e por fim bem recompensados. Quando o grão foi semeado muito distante hum do outro, ou por algum accidente as hervas são numerosas, e incommodão o Cañamo, he necesssario unicamante arrancallas, para que não sejão prejudiciaes ao mais.

No fim de Julho, os troncos, que dão flor, e impropriamente chamados fêmeas, principião a amarellar por cima, e a embranquecer no pé, a flor cabe, as folhas murchão, e he hum signal ordinário da madureza perfeita. Então arranca-se (45) pé por pé, e fazem-se pequenos feixes, que se deverão arranjar por ordem á borda do campo, tendo o cuidado de igualar os pés do mesmo comprimento, principalmente do lado da raiz: depois he necessário evitar a deterioração dos pés, que ficão, e que ainda hão de fructificar. Este furto feito com precaução dá novas forças á planta restante: não somente esta espécie de monda desonera a terra de hum grande número de pés, que lhe chupavão os succos alimentares, que mutuamente se prejudicavão, e suffocavão; mas também he hum bem para aquelles, que ficão, levantando, e movendo a terra, que os cerca.

Em alguns lugares, depois de atar os feixes com pés de Cañamo ruins, he costume expollos ao Sol, a fim de enxugar as folhas antes da maceração (46), e depois de bem seccas, ellas cahem por si, esmagando-as contra hum muro, contra huma arvore, ou contra a terra; porém este methodo não he o melhor: porque além de multiplicar os cuidados, e trabalho do Lavrador, expõe o Cañamo a muitos accidentes, quando a estação he chuvosa. A agoa, que cahe sobre o Cañamo, antes de estar secco, o enverdece, enche de malhas, e por fim o torna negro. Poder-se-hia evitar este inconveniente, lançando mão do seguinte methodo, que parece preferivel. Quando o Cañamo está perfeitamente maduro, qualidade essencialmente necessária, he preciso macerallo ao sahir da terra; porque então sua gomma, estando ainda em huma espécie de fusão, he mais prompta, e mais fácil de dissolver-se (47). Então bastão quatro dias para o macerar; quando pelo contrario procede– se á maceração depois de secco, oppondo a gomma maior difficuldade á dissolução, são necessários oito e dez dias, e algumas vezes mais, conforme as estações. As agoas quentes accelerão a maceração, e as frias retardão.

Todas ás pessoas, que se occupão da cultura do Cañamo, ordinariamente não ignorão o modo de o arranjar na agoa, para o macerar. O costume he cubrillo de palha para impedir as immundicias, mettello debaixo de agoa até sinco, ou seis pollegadas, carregando-o de madeiras, grossas pedras, e de outros pezos convenientes.

Por senão ter indagado a causa phisica da maceração (48), seguirão-se abusos, cujas conseqüências se ignoravão. A maceração do Cañamo sendo huma dissolução de certa quantidade de gomma, que une todas as fibras de Cañamo entre si, e de outra, que as une á palha, não he indiferente observar, onde, quando, e como se executa esta dissolução. A agoa mais bella, e mais clara he sempre a melhor. Alguns fazem huma espécie de fosso á borda de hum rio, aonde a agoa sendo ordinariamente tranquilla, e mais quente, fermenta mais commodamente, e penetra com mais promptidão os feixes de Cañamo, que se macerão. Basta, quando se tira do fosso, levallas á corrente do rio, para lhe tirar toda a gomma, e lodo, que a infesta. O Cañamo macerado nos rios he sempre mais branco, e de melhor condição. O macerado nos fossos, tanques, ou reservatórios, cujas agoas estão inficionadas, e estagnadas – tem sempre má cor – hum cheiro desagradável, vem carregado de muita immundicia, e soffre não pequena perda no trabalho.

De qualquer modo, que esta operação se faça, he claro, que o Cañamo está suficientemente macerado, quando a casca se despega facilmente da palha, ou cana; o que se experimenta, arrancando alguns pés para exame. Seria prejudicial deixar o Cañamo por muito tempo a macerar; porque as fibras da casca, entre as quaes a separação fosse immensa por causa de huma illimitada dissolução da gomma, não terião bastante consistência para resistir ao esforço preciso, que tem de soffrer no acto de as espadellar, ou tasquinhar – e a maior parte ficaria misturada com a palha, com que foi pizada.

Por tanto he necessário deixar o Cañamo dentro da agoa o tempo preciso, para separar exactamente, e sem perda a casca da cana. A mesma precaução se terá a respeito do Cañamo fructifero, o qual ordinariamente fica cinco, ou seis semanas na terra depois da primeira colheita, para adquirir huma perfeita madureza. Alguns tinhão pensado, que esta demora prejudicava de algum modo a planta; a casca amadurecendo, adquire a força, e resistência conveniente á sua natureza, e he preferível, principalmente para a fabrica dos cordames, que não precisáo ser muito fortes, nem muito sólidos.

Nas primeiras semanas (49) de Septembro, ou antes, quando a semente está bem formada, madura, e quasi a cahir, arranca-se o Cañamo, como na primeira colheita, e dispoem-se em feixes. Em certos lugares, para completar a madureza do Cañamo, e ajudallo a sahir mais facilmente de suas túnicas, he costume fazer na sementeira, de distancia em distancia, fossos redondos, de hum pé de profundidade sobre dez, ou doze de circumferencia. Póese nestes fossos os feixes de Cañamo, chegados huns aos outros, de maneira, que o gráo esteja por baixo, e a raiz por cima. Conserva-se depois neste estado com laçadas de palha, e cerca-se este grosso feixe de terra, que se tinha tirado dos fossos, para que as cabeças do Cañamo sejáo bem suffocadas. O calor da terra, e a humidade das folhas excitão huma espécie de fermentação, que apodrece as cápsulas do Cañamo, sem arruinar o gráo. Por tanto he necessário náo o deixar por muito tempo neste estado, porque entáo tornar-se-hia peco, e náo serviria mais para sementes.

Em outros lugares, os Lavradores contentáo-se com fazer seccar as cabeças do Cañamo, e tirar o gráo, sacudindo-o em hum panno, ou em hum lugar plano, e feito para este fim, aonde o gráo mais maduro, e de melhor qualidade cahe; para servir á próxima sementeira: aquelle, que náo pôde sahir na primeira operação tira-se por meio de hum instrumento dentado, chamado sedeiro, da figura de hum ancinho, sobre os dentes do qual se penteiáo, ou sédáo as cabeças do Cañamo deste modo; as folhas, e fructo sáo arrancados promiscuamente; ajunta-se em hum monte, para deste modo os fazer fermentar alguma cousa; expóem-se ao Sol, e depois de seccos, bate-se, e separa-se a semente, passando-os por hum crivo. Este segundo gráo náo he de táo boa qualidade, como o primeiro; por tanto serve táo somente para delle se fazer azeite, e para alimento de aves domesticas, como gallinhas, &c. Segundo os princípios acima estabelecidos, penso que seria mais util passar no dito instrumento todas as cabeças de Cañamo, apenas colhidas; e separar, quanto for possível, o melhor gráo do medíocre, depois de o ter deixado fermentar no monte. Feito tudo isto macerar-se-háo na agoa os feixes de Cañamo do modo, que já se explicou; tendo além disto o cuidado de escolher para este fim bellos dias, logo que o tempo, e as circumstancias permittirem; de resto, todas sabem fazer seccar o Cañamo depois de sufficientemente macerado, e o quanto he interessante conservallo em hum lugar secco, até chegar o tempo de o espadellar ou tasquinhar. Bem longe estou de condemnar o me thodo de tasquinhar o Cañamo muito usado em algumas Provincias huma vez, que se pratique com a attenção necessária; por quanto he muitas vezes preferível ao de espadellar, cujos inconvenientes, e abusos, brevemente se farão conhecer. Nas Províncias, em que as colheitas do Cañamo são abundantes, e o povo laborioso, geralmente tasquinhão todo o Catiamo. Para este effeito, faz-se preciso, que esteja assaz sècco, e que as canas saião desta operação inteiramente quebradas, e, se he possível, como reduzidas a pó. As fibras do Cañamo pizadas por este primeiro trabalho perdem a gomma mais grossa, dividem se, afinão-se, e adoção-se; e se esta operação he bem feita, como já a vi practicar (50), a separação da estopa, e da cana não soffre perda alguma, antes resultão grandes vantagens para os obreiros, que a empregão.

Antes de tasquinhar o Cañamo, he necessário desecallo, para isto usão alguns de fornos particulares, ou públicos com as precauções, que esta operação exige; outros o seccão sobre algum muro apartado das casas, ou em algumas cavernas, feitas de propósito para este fim, expostas ao meiodia, abrigadas do Norte, debaixo de huma rocha, ou simplesmente cuberta de pedras seccas, ou de pedaços de páo cheios de terra, conforme o uso, e commodidade dos lugares.

Este lugar, chamado pelos paisanos Haloir, isto he, caverna, aonde se seca o Cañamo antes de o tasquinhar, ordinariamente tem nove até dez pés de profundidade, seis até sete de altura, e cinco até seis de largura: a quatro pós acima do foco, e dois da entrada, põe se três varaes de madeira verde – de huma, ou duas pollegadas de grossura, que atravesso a caverna de huma parte á outra, e nella se encravão. Estende-se sobre estes varaes o Cañamo, que, se pertende enxugar; huma pessoa cuidadosa o deve entreter continuamente em hum fogo lento de cannas, acautelando, que a chama, que se eleva, não queime o Cañamo, principalmente quando já tem passado algum tempo depois da introducção do Cañamo na caverna. Além disto terá o cuidado de revolver o Cañamo, de tempos em tempos, a fim de que haja de seccar igualmente em todo seu comprimento, e espessura, e a medida, que tirar o enxuto para tisquinhar, lançará novo. Será desnecessário dar a descripção da gramadeira, ou tasquinha, instrumento conhecido tanto pelos Lavradores do Cañamo, como pelos que o não são; por quanto em caso de necessidade pode-se mandar vir dos lugares, em que he usada. Este instrumento composto de duas peças de páo he de hum preço muito medíocre; e o obreiro, que tiver hum por modelo, estará no estado de o subministrar a huma Província inteira. Basta ver huma só vez tasquinhar o Cañamo, para logo saber toda esta operação. O homem ou a mulher, que tasquinha (porque em muitos paizes he trabalho de mulheres) toma na mão esquerda hum feixe de Cañamo, e na outra o tenaz superior da gramadeira. Introduz se o Cañamo dentro dos dous tenazes, e levantando,

e abaixando o tenaz fortemente, e muitas vezes, que-
bráo-se as cannas seccas debaixo da casca, que as cerca;
durante este trabalho, as cannas ficáo como reduzidas
a pó, e sáo obrigadas a deixar a estopa: a gomma mais
grosseira cahe á maneira de farello, e a mais fina voa,
como pó. Depois de ter bem tasquinhado metade do
feixe de Cañamo, faz-se o mesmo á outra metade, que
estava segura pela máo, e náo se deixa, senáo depois de
ter igualmente tasquinhado o feixe inteiro. Feito isto,
estende se sobre huma meza, ou sobre a terra; e quando
se tem dous arrateis de Cañamo tasquinhado, faz se hum
molho, que se dobra em dous, torcendo o mal, e dá-se a
este molho o nome de caudas de Cañamo, ou de estopa bruta; deste modo, os pés do Cañamo ficáo também
divididos, como as cabeças, náo causáo mais táo grande
perda ao obreiro, que delles se serve. Todos os pés de
Cañamo, que compóem o feixe apertados pelo meio na
máo, conserváo, quanto he possível, seu comprimento
natural, e esta primeira preparação o dispóem, mais do
que o Cañamo limpo, a receber as outras operações do
pente. Huma mulher pode tasquinhar vinte até trinta
arrateis de Cañamo por dia, o que he de muita utilidade, para os que o cultiváo.
Aquelles, que tem bastante paciência, e descanço para es-
padeilar (51), sáo obrigados a a juntar os pés de Cañamo
huns após dos outros, a esmagar a canna, e despegar a
estopa, passando por entre os dedos: este trabalho he
táo, simples, e fácil, que os meninos o executáo também, como os de maior idade; os velhos, e valetudinarios

podem igualmente occuparse neste gênero de trabalho: nisto ordinariamente se gastáo os seróes (52), ou instantes perdidos, se he, que os ha. Esta occupação he particularmente própria dos pastores, porém não se pôde conceber, como homens robustos, e laboriosos, a quem quem nunca faltáo trabalhos mais lucrativos, e úteis, possáo racionavelmente encantar-se com este gênero de occupação.

Além da perda de tempo, e gastos, que soffrem aquelles, que dáo o seu Cañamo a espadellar, ficáo ainda por soldar muitos inconvenientes á aquelles, que o compráo, e que o empregáo. O Cañamo espadellado ordinariamente conserva grossas patas da parte das raízes, cujo pezo he útil ao vendedor, e muito prejudicial aos interesses do comprador; a gomma, e immundicia, que contrahio nas agoas sordidas, e encharcadas, ein que se macerou, ficáo constantemente pegadas e largáo de si na officina, em que se trabalha, hum pó mortal, o qual não só damnifica consideravelmente a saúde do obreiro, mas também a bolsa.

Demais, o Cañamo espadellado nem sempre se separa em todo o comprimento: muitas vezes he necessário romper a Canna para tirar a casca; o fio curto mistura-se com o comprido, e esta desigualdade he também prejudicial: os pés meio rompidos, e esmagados, que se comprehendem no feixe, dáo estopas de hum uso muito medíocre. Finalmente, hum, e outro methodo he sujeito a inconvenientes, e vantagens, a commodidades, e abusos; o he dos homens sensatos, e econômicos escolher aquelle, que lhes parecer melhor, conforme os tempos, lugares, e circunstancias.

Se até agora fallei do Cañamo, como de hum fructo da terra, ou como de hum producto dos suores, e trabalhos do agricultor, resta-me ainda tratar das qualidades, que fazem hum objecto considerável de commercio, dos diversos usos nas artes, e da variedade quasi infinita de utilidade em todas as sortes de manufacturas. Os prejuízos herdados de nossos pays, assim como o antigo modo de trabalhar o Cañamo, nos expuzerão a muitos erros. O Cañamo de melhor qualidade quasi sempre era rejeitado, e o de menos boa, debaixo de apparencias enganosas, ordinariamente era preferido. As qualidades de duro, de grosseiro, de elástico, injustamente se lhe atribuião, e nossa ignorância acerca de suas melhores propriedades era a única causa, porque o desprezavamos.

A variedade dos terrenos, das estações, e dos climas, como já dissemos, tem muita influencia na qualidade desta planta, como em todas as outras producções da terra. Os Cañamos das terras fortes, pardilhas seccas, soltas, e areentas, ordinariamente são os melhores; os dos climas quentes, e temperados são preferiveis aos dos paizes frios. O Cañamo da Bretanha (53), por por exemplo, he de melhor qualidade, que o de Riga, e inferior ao de Guienna, &c. Finalmente o mais maduro he incontestavelmeme preferível ao arrancado fora de tempo, cuja casca verde, herbacea, tenra, e fácil de romper-se, não adquirio força sufficiente, e por isso dá estopas de muito má qualidade, para o trabalho. Por tanto he da obrigação daquelles, que commercião em Cañamo, e que delle se servem, saber seu paiz natal. Na escolha desta mercadoria não se deve somente attender á cor; porque he muitas vezes effeito das agoas sórdidas, e encharcadas, em que se macerou; a còr natural do Cañamo he branca, como as minhas experiências demonstião, e a única qualidade, que absolutamente se deve procurar, he a força. Experimenta-se, fazendo esforço para romper alguns pés com as mãos, quando falta a liberdade, e tempo para experimentar huma amostra, antes de o comprar. De resto, deve haver grande cautela, em que não seja molhado ou húmido; porque além da perda, que causaria no acto de o trabalhar, de certo aquecer-se-hia, e apodreceria nos armazéns, em que se acondicionasse. Depois de certos, quanto he possível, da boa qualidade do Cañamo, que queremos comprar, resta nos ainda examinar, se as balas, ou molhos estão misturados com malvados feixes de Cañamo, estopas, ou outras matérias inúteis. Também nós não devemos enganar com o muito comprimento do Cañamo; porque acontece amiudadas vezes, que o curto resiste tanto, quanto o comprido, e muitas vezes mais. De todos os cheiros, que o Cañamo pôde ter, deve se temer o de podridão, porque he signal certo, de que todo está inficionado; e he o maior defeito, que se pôde imputar ao Cañamo. Além disto he igualmente essencial acautelar a podridão, e a humidade; porque o Cañamo quanto mais secco está, tanto mais facilmente se despega, ou lasca a gomma, e este he o motivo, que obriga o Cañamo velho, quando está bem acondicionado, a dividir-se com maior facilidade, do que o novo; por tanto, ainda que pareça duro, e grosseira não deve ser rejeitado, sem hum exame mais circunstanciado. O Cañamo não somente pôde ter toda força, e solidez desejada, mas também por nossos trabalhos pôde adquirir a doçura, e flexibilidade necessária a todos os usos, para que se destinar.

Ainda que os obreiros, até o presente, na fabrica dos fios, e téas tenhão dado a palma ao Cañamo florífero, por ser naturalmente mais delgado, mais fraco, e mais isento de gomma, do que o fructifero, nem por isso he menos constante, que este seja também próprio, huma vez que esteja bem preparado, e que para as cordoarias com justa razão se anteponha ao florifero. He incontestável, que o antigo methodo de esmagar, espadellar, e assedar o Cañamo era incapaz de produzir a mesma mudança, e effeitos, que a nossa preparação. Por falta de reflectir bastante sobre as conseqüências da primeira maceração, julgava-se impossível substituir-lhe segunda, e o Cañamo huma vez molhado não parecia ter mais algum uso.

Os antigos, a quem até aqui imitamos, e copiamos em todas as operações ordinárias do Cañamo, contentavão-se com escolher o Cañamo mais macerado, e mais fraco para a fabrica de pannos finos, e o mais comprido, e menos macerado para cordas grosseiras, e outras obras desta espécie (54). Acreditavão que estas largas fitas, que formão a casca, erão huma espécie de tecido, no qual as fibras longitudinaes erão unidas entre si por pequenas fibras transversaes, e que era necessário romper as ultimas, para obter a separação das primeiras. Que moendo, e esfregando o Cañamo he que se podia conseguir esta divisão. Que as fibras transversaes cedião mais commodamente ao trabalho, por serem mais fracas, e que as longitudinaes somente conservavâo sua força, e comprimento. Para este effeito, depois de atar, sacudir – ou espadeflar o Cañamo, conforme o uso dos lugares, pilava-se dentro de hum grosso gral de madeira com malhos da mesma natureza, guamecidos de huma chapa de ferro em huma das extremidades, cuja figura, e utilidades são geralmente conhecidas.

Em alguns lugares, em vez de pilar o Cañamo, costumão passallo por baixo de huma mó de pedra em bum moinho feito á maneira dáquelles, em que se fabrica o óleo de noz, ou de linhaça. Esta operação, que vulgarmente se chama malhar Cañamo, consiste em comprimillo por toda a parte, e em forçar, por este modo, a divisão das fibras pela separação de huma parte da gomma, que as unia. Sacode-se o Cañamo, e move-se muitas vezes, para que receba diversas impressões do malho, ou mó durante esta primeira preparação, porém não basta isto para ficar no estado de ser empregado na factura das cordas, ainda as mais grosseiras.

Todos sabem, quanto este primeiro trabalho he duro, e penoso aos pobres obreiros, que a elle se applicão, e quanto o pó, que respirão, he prejudicial á saúde, e ainda á vida. Com tudo, apezar de tantos custos, e fadigas, o Cañamo exige outra operação não menos trabalhosa, que se chama assedar. Os pentes usados para este fim varião de grandeza, figura, e grossura, segundo os diferentes lugares, e belleza das obras, que se pertendem; porém em toda a parte, o modo de o trabalhar, e o fim proposto he o mesmo.

Não me occuparei em descrever estes pentes (55) conhecidos, e usuaes em todos os paizes; he fácil vellos, segundo as proporções tiradas com a ultima exactidão, no terceiro volume da Encyclopedia, pag. 154 art. Cañamo. Certifico, que fiz, quanto pude, por inserir neste breve tratado, tudo, que tivesse relação com o objecto, que pertendia tratar; e como este breve tratado será de mais fácil, e multiplicada venda, do que esta imensa collucção, honro-me, e regozijo-me de espalhar por toda a parte as luzes adquiridas, posto que discorde sempre em certos princípios. O meu methodo inserido no artigo estopa faz conhecer tanto o zelo, como o desinteresse dos Editores, que trabalhão no decurso da sua obra, não só por instruir, mas também por enriquecer o publico. Por tanto a separação das fibras do Cañamo em todo o comprimento, que somente tinhão sido divididas em certas distancias pela mó, ou pilão, he o dever do assedador. Os dentes do pente tirão huma parte da gomma, que se reduz em pó; e levantando, e rachando de novo os pés, em que se encravão, acabão de separar as fibras humas das outras. O Cañamo adquirirá tanto mais doçura, brancura, e fineza, ou para o fabrico das cordas, ou pannos, quanto mais se repetir esta operação, principalmente sendo vos pentes já grossos, já finos, já mais finos.

He deste modo, que o preparavão os antigos (56); este methodo passou delles a nós, e ainda hoje está em voga, para melhor se verificar a perpetuidade dos usos, e abusos. Desta maneira o Cañamo, preparado para cordas, conserva ainda huma dureza, e gomma, que as faz inflexíveis, grosseiras, e pouco próprias para as manobras. Aquelle porém destinado para a fabrica de pannos, dá hum fio de ruim cor, rude, e sobre maneira cheio de gomma, a ponto de não poder ser empregado, sem o lexiviar muitas vezes. He muito difficultoso embranquecer as teas fabricadas, e só depois de bastantes mezes de trabalho, e fadigas he, que chega a adquirir huma brancura assáz defeituosa.

Será desnecessário referir mais os inconvenientes deste antigo methodo; as experiências repetidas desde a minha nova descuberta, e as reflexões por elle occasionadas libertarão dos antigos prejuízos a muitas pessoas, tanto distinctas, como instruidas, em quem não fazem móssa os erros populares. Convencidas tanto pela justiça de seus raciocinios, como por suas próprias, experiências, publicarão, sustentarão, e defenderão a bondade do meu methodo contra a obstinação do vulgar, que não está no pé de conhecer estas verdades; mostrarão a necessidade, que as fibras do Cañamo tinhão de ser lavadas, e purificadas para haverem de fazer hum bom fio, e bello panno; a necessidade, que tinha a lã mais fina de expurgação, e alimpadura de toda, e qualquer sordidez, que a inquinasse, para haver de ser fiada fina, e de receber os apprestos necessários ao fabrico dos bellos estofos. Como isto até o presente se ignorou, por isso será daqui em diante o principal objecto do restante desta obra. Depois de ter por muito tempo reflectido sobre os diversos meios de alliviar, e tornar menos penoso o trabalho do Cañamo aos obreiros, depois deter reconhecido no Cañamo qualidades admiráveis, que ninguém aproveitava, observei mais, que, sendo a maceração ordinária do Cañamo a dissolução de huma gomma tenaz, e natural á planta, de quem he o único sustento, bastava tão sómente para esta primeira preparação deixar macerar o Cañamo, segundo a proporção da abundância desta gomma, e sua adherencia; e que, depois de chegado o tempo próprio para o espadellar – ou tasquinhar, parecia assáz conveniente dar-lhe huma segunda maceração para adoçar esta casca, que fica ainda dura, elástica, e pouco própria para a refinadura. Assim, pelos differentes exames feitos á vista, e por ordem de M. Dodart, Intendente do Berri, achei finalmente o meio de restituir ao Cañamo facilmente, e sem gasto todas as qualidades naturaes a elle, e cujo uso ainda senão conhecia. A agoa, que á pouco teve a propriedade de separar a casca da palha, ou canna, também divide sem trabalho, e sem risco, as fibras humas das outras pela total dissolução da restante gomma. Para este effeito reduz-se o Cañamo, que se pertende metter dentro da agoa, a pequenos feixes de hum quarteirão, ou perto disso; dobráo-se pelo meio, torcendo os mal, ou atando-os com hum cordel fròxo, e forte, para com commodidade os volver dentro da agoa, sem os misturar. Depois de impregnados estes feixes da necessária agoa, he preciso introduzillos em hum vaso de páo, ou pedra, como he costume metter o fio de molho em huma tina. Enche-se o dito vaso de agoa, aonde reside o Cañamo por alguns dias, a fim de se humedecer quanto basta, para facilitar a dissolução da gomina. Três, ou quatro dias sáo sufficientes para esta operação; e se fosse possível comprimir cada feixe de Cañamo, e esfregar movendo o na agoa, de continuo renovada, de certo obter-se-hia huma dissolução mais prompta, e vinte e quatro, ou trinta horas bastarião para esta operação.

Humedecido, que seja o Cañamo, e quasi de todo livre da gomma mais grosseira, he necessário tirallo feixe por feixe, torcello, e lavallo ao rio, para o expurgar, quanto he possível, da agoa lamacenta, e gommosa, de que he inficionado. Depois de suficientemente lavado, he preciso batello, náo muito, sobre huma taboa, a fim de dividir todas aquellas partes, que ficassem ainda por desunir. Feito isto, estende-se sobre hum banco de madeira forte, e sólida, cada feixe de Cañamo molhado, depois de desatado o cordel (57). Rasga-se em toda a extensáo com o curte de huma pá ordinária de lavandeira, até que as patas, e cabeças mais grossas fiquem assáz divididas. He desnecessário bater excessivamente cada feixe; porque as fibras, que se achassem muito separadas, e enfraquecidas, tornar-se hião por esta causa incapazes de resistir ao pente, attenção esta, de que somente

a experiência pôde fazer conhecer a necessidade, e conseqüências. Ha mesmo razáo para acreditar que deixando o Cañamo por muito tempo dentro da agoa, a fim
de obter somente pela dissolução a divisáo das fibras,
seria absolutamente desnecessário batello; porém a diversa qualidade dos Cañamos exige que se reflicta, se se
deva, ou náo, tomar este partido. Quanto mais prompta
for a operação, tanto menor risco terá o Cañamo: e até
se acredita, que huma longa estada na agoa dissolveria
totalmente as fibras, e as reduziria á pura gomma. Esta
observação conduz a muitas reflexóes sobre tudo, que
diz respeito a cordas, pannos, e papel, que neste lugar
teriáo talvez parecido de muito longo detalhe.
Acabado este momentâneo trabalho, que com tudo he
o mais longo, faz-se preciso tornar a lavar na agoa corrente cada feixe, pegando o ponta por ponta, no fim do
que já he visível o successo, que se pode esperar. Todas
as fibras do Cañamo batidas do modo referido dividem-se na agoa, laváo-se, e apartáo-se humas das outras
com tanta perfeição, como se já tivessem sido assada-
das. Quanto mais rápida, viva, e clara he a agoa, tanto
mais se embranquecem, e purificáo as fibras. Logo que
o Cañamo está assáz claro, e totalmente expurgado de
immundicias, tirase da agoa, torçe-se, abre-se, e póem-
-se sobre hum varal ao Sol, a fim de perder toda a humidade, e enxugar-se.

Nesta segunda maceração, póde-se ainda usar das lexivias ordinárias de cinzas (58), ou feitas de proposito, ou

aproveitando aquellas, que são tão triviais na lavagem da roupa. Pelas diversas experiências feitas por mim, e pelas observações de muitas pessoas igualmente ocupadas deste objecto, conclui, que a gomma do Cañamo, que antes se tinha lavado, não he prejudicial a roupa branca, com que se acha misturada; que bastaria somente lançar no fundo da tina huma camada de boa palha, que tenha perto de duas pollegadas de espessura, para filtrar e purificar a agoa do lodo, e gomma, que contivesse. Por meio desta fácil precaução, os saes da lexivia assim desunidos exercem toda a sua força de affinidade sobre o Cañamo, ou roupa molhada pela agoa, de modo que não fica mancha alguma. He evidente a razão, porque o calor da agoa, e o alkali das cinzas accelerao a dissolução mais promptamente, do que a agoa; porem nem por isso será menos necessário bater o Cañamo, que ficar por dividir, e lavallo ao menos pela ultima vez em huma agoa corrente, e clara, a fim de o expurgar de todo da agoa da lexivia, e da gomma.

Além destes dous methodos, que já forão approvados, e praticados em muitas Províncias do Reino, achei que ainda se podia resumir muito o tempo das operações necessárias ao branqueamento do Cañamo. As objecções, e questões, que fizerão numerosas pessoas a minha memória, cuja execução parecia tanto difficil, como incommoda, me obrigarão a mostrar-lhes, que se não he commodo reduzir exactamente a papel as operações mais simples, ao menos era muito fácil fazellas perceber, praticando as huma só vez em sua presença. Fiz vér em muitas Cidades do Berri, que bastavão duas horas para lavar, e branquear o Cañamo tanto no Inverno, como no Estio, principalmente, se se tem á mão algumas fontes, cujas agoas são ordinariamente quentes no Inverno (59). Deste modo, eu forneci no espaço de doze horas, quando muito, Cañamo branco, preparado, e fiado com toda a perfeição, de que era capaz.

Sendo o calor absolutamente necessário á dissolução da gomma, da qual se pertende expurgar o Cañamo, he muito mais conveniente esperar huma bella estação, a fim de não desgostar, e cançàr os obreiros, que acharião mui penosa huma obra, que os obriga a metter sempre as mãos na agoa fria, e gelada, ou que desprezarião talvez, por esta causa, algumas das praticas essencialmente necessárias ao bom successo.

Por tanto aquelles, que quizerem experimentar promptamente dous, ou três arrateis de Cañamo, dividillos-hão em pequenos feixes de duas onças, e molhallos-hão em huma quantidade sufficiente de agoa quente, porém com tanto que a mão a possa soffrer. Depois de estar durante o tempo de meia hora dentro da agoa, pegar-se ha em cada feixe para o torcer, espremer, e volver na agoa, do mesmo modo, que as lavandeiras praticao no ensaboado das peças depanne, a fim de que senão misturem, ou rompão.

Acabado este primeiro trabalho, a agoa fica sórdida espessa, e impregnada de gomma; por tanto muda-se para segunda agoa quente, obrando sempre do mesmo modo, depois para terceira, e assim por diante, até o

Cañamo ficar suficientemente branco, se, depois destes três banhos, restarem ainda algumas fittas largas, e por dividir, será necessário batellas levemente com huma pá para as separar.

Feito isto, lavar-se-ha o Cañamo na agoa corrente de hum rio, para lhe tirar o restante da gomma. Deste modo, as fibras do Cañamo, bem como outros tantos pes de seda, sepárão se, dividem-se, purificão-se, e se embranquecem; por quanto a gomma, que era o único principio da sua união, era também o de todo, e varias cores, que tinha: resta agora tão somente seccallo, como acima explicamos.

Depois de bem secco dobra-se com cuidado, torcendo--o mal, a fim de evitar a mistura dos fios, e neste estado entrega-se ao official, que o prepara, para lhe tirar o de menor qualidade, ou a estopa (60). Então he supérfluo massallo como antes. Esta obra antigamente tão custosa pelo trabalho, que requeria, e tão perigosa pelo pó mortal, que o obreiro respirava, será huma profissão mediocreinente penosa. Não serão necessárias máquinas para evitar aos obreiros as fadigas, e perigos deste trabalho; porque notar se-ha daqui em diante amassallo com facilidade, e a assedallo.

Esta operação he tanto mais cómmoda, quanto mais doce he a matéria para o trabalho, e quanto menos pó nocivo exhala; neste caso a perda he nulla. Esta ultima batedura serve unicamente de dividir segunda vez as fibras do Cañamo, que se tornarão a ajuntar, quando se enxugarão, meio este, pelo cual se torna branco, doce, flexível, se dando o próprio para receber todas as preparações do pente. Se a operação for feita por pentes finos, o Cañamo, lavado do modo referido, dará estopa capaz do melhor fiado, em nada inferior ao mais bello linho, e fornecerá hum terço da estopa muito boa.

Ora esta estopa, antes hum objecto de desgosto, a que era costume vender a alguns cordeiros a libra por dous soldos, e seis dinheiros, he hoje, por huma nova operação hum objecto de maior utilidade, bardando-a como lá, obtém-se huma matéria de suficiente fineza, medullosa, e branca, da qual, até o presente, ignorava se o usa. Neste estado não sómente he applicavel ao fabrico de cadarços, que, em muitos casos, excederáo aos ordinários; mas também pôde fiar-se, e dar muito bom fio (61). Alem disto pode misturar-se com algodáo, seda, lá, e pelo, e o fio, que resulta destas diferentes misturas, por suas infinitas variedades, da matéria a novos exames mui interessantes as artes, e mui uteis a toda sorte de manufacturas.

Poder-se-há tingir (62) o Cañamo assim preparado, como se faz a seda, a lá, e ao algodáo, tingir, digo, de vermelho, de azul, de amarello, e de outras cores convenientes ás obras, que se houverem de fazer. Então receberá, e conservará com a mesma facilidade os matizes, de que se usarem no fabrico dos estofos, pannos, vestidos, ornatos, tapecerias, bordados, e móveis de toda a espécie. A principal vantagem que o Cañamo, destinado a estes usos, terá sobre a lá, cadarco, e algodáo, he o poder empregar-se sem o fiar, e ainda sem o assedar. Náo sera sujeito á traça, como a lã, e a beleza, duração, e módico preço desta matéria o fará preferivel a outra qualquer. Os diversos exames feitos neste gênero não deixão dúvida alguma sobre a bondade do sucesso.

As misturas, que se fizerem, serão tanto mais apreciáveis, quanto mais diminuírem a matéria de mais preço, e mais rara, em que as estopas se incorporaram. Finalmente teremos o lucro, e satisfação de achar huma planta, que se dá também em nosso paiz, o meio de indemnisar menos, ou ainda dispensarmo-nos de huma parte das producções, que somos obrigados a tirar todos os dias em grande despeza das regiões estranhas, e mais lenginquas. (63)

Já se derão a muitas Cidades do reino algumas misturas, por se nos pedir, cuja vista excitou tanto a admiração, como a approvação das pessoas mais intelligentes. A meu ver ainda se não numerarão todas as combinações, que podem augmentar os usos do Cañamo pelas differentes fôrmas de que he capaz. Os pannos feitos de Cañamo preparado do modo mencionado gastarão pouco tempo nas preparações do branqueamento (64), e o mesmo fio (65) não necessitará de todas as lexivias apontadas.

As velas serão menos rijas, e pizadas, as cordas mais flexíveis, e fortes, e as operações muito mais promptas.

Estas mesmas descubertas trouxerão a pós de si outras, e obrigando a pensar, que a quebra a mais grosseira do Cañamo, e o cisco das oficinas, em que se trabalhava, continhão ainda huma matéria preciosa, que ordinariamente se lançava no fogo, ou monturo; por isso que se ignoraváo os usos; a qual, para ser de summo interesse nas fabricas de papel, (66) necessita de ser pizada, esfregada, e lavada na agoa. As experiências feitas próváo, que pôde vir a ser hum dos objectos mais importantes.

Á vista da relação, que acabo de fazer da natureza, e propriedades do Cañamo, fica evidente, que os Lavradores não aproveitáo todos os lucros, que podem tirar da prática destes novos methodos. Se elles se applicassem á cultura do Cañamo, e aperfeiçoassem os apprestos, que recursos não acharião nestas occupações tão lucrativas, e fáceis? Considerando-o táo somente em relação ás suas qualidades mais communs, não se reconhece ser hum dos gêneros de primeira necessidade? Seu consumo, e usos estendem-se quasi a todos os usos do commercio, e da vida? Náo ha estado algum, condição alguma, que delle possa dispensar! O cultivador mesmo he o primeiro, que se serve, e com elle se veste e de todos os seus seus trabalhos he o único fructo, que conserva. Por necessidade o cultiva, e por necessidade o guarda. Ha neste gênero de cultura huma espécie de circulação: singular, que se náo observa em as outras producçóes da terra.

A extracçáo do Cañamo está sempre na razão directa da cultura, e inversamente a cultura, na razáo directa do consumo. A cultura só he hum trabalho, que requer habitantes, e o consummo os entretem. Os homens, e as mulheres, os velhos, e meninos acháo nas diversas operações, que o Cañamo exige, occupacóes proporcionadas ás suas forças. Huns amanháo a terra, e a semeáo, outros colhem o Cañamo, e o prepárão, aquelles fazem cordas, e téas, todos finalmente delle se utilisáo, e servem, e cada hum contribua junta, e separadamente ao renovo de sua obra para a satisfação de suas necessidades. A manufactura do Cañamo he, a que convém mais naturalmente aos campos, e como a todos he necessária, a todos deve ser universal, o fabricante, no tempo próprio de cultura, he lavrador, e o lavrador, depois de acabada a colheita, he do mesmo modo fabricante. Entáo as differentes preparaçóes, que o Cañamo exige, lhes fazem aproveitar o tempo, que por causa do rigor, e inconstância das estaçóes perderião, e por conseqüência vagarião ao seu trabalho. Aquelles, que estão em estudo de se empregar á lavoura, não tem tempo de seu; daqui provem a utildade geral para todo paiz, e o módico preço da mão de obras. As obras fazem com economia, e sem prejudicar aos cuidados, que cada hum deve ás suas occupaçóes domesticas, e campestres. O Cañamo colhido, conservado, e distribuído com tanta precaução, como vigilância, he hum meio seguro de poder adquirir matérias por preço muito medíocre. Daqui pende a boa compra, e por conseqüência a venda certa das mercadorias fabricada. Aquelle, que táo somente vende o supérfluo de seu tempo, e dos seus gêneros, dá a obra por menos preço, do que aquelle, que della faz seu único regresso. Porque razão os Índios vendem por 16 ou 20 soldos a vara de panno pintado, em quanto as nossas companhias de negociantes as tornáo a vender por 50, ou 60? he porque estes povos dispendem quasi nada com sustento, e vestidos. Até se julgáo muito felizes, por poderem vender os seus algodóes fabricados, ainda que por baixo preço, temendo vellos apodrecer em casa, se o bom mercado da máo de obra náo facilitasse a venda, e o transporte.

Em Suissa as obras fazem se em muito boa conta, e de lá se espalháo para a maior parte da Europa, porque estes povos costumados a huma vida dura, e laboriosa, contentáo-se com hum módico proveito, para haverem de procurar, por meio de huma fácil, e continua venda, hum trabalho mais constante: e se náo vendem o seu tempo caro, ao menos náo o perdem. (67)

Porém sem irmos mais longe para achar exemplos desta manufactura dispersa, que faz igualmente a riqueza de algumas de nossas Provincias, considererros Flandres, Picardia, Normandia, e Bretanha, aonde particularmente as fabricas de pannos, e a fancaria fazem o ornato, e proveito dos campos. Aqui sem duvida se cuida em administrar bem, e proteger as manufacturas. Os campos estáo povoados, e cheios de artes (68). O Príncipe acha aqui, quando necessita, soldados, artistas, e a tersa lavradores, dos cuaes assás consterna ver todos os dias os campos abandonados. A indigencia, e a miséria, a que se acha a maior parte dos homens reduzida por falta de trabalho, e alimento, sáo o príncipal motivo, porque se refugiao nas Cidades, levando após de si huma família desgraçada, que se espalha, e por fim se anniquilla. Pelo contrario as manufacturas estabelecidas nos campos (69) conserváo, sustentáo, e multiplicáo os habitantes.

Que movimento, que circulação aqui se vê? O paisano traz ao mercado, juntamente com os fructos da terra, o producto da sua industria. O negociante faz seus sortimentos, e enche seus armazéns, sem deixar seu escritório, ou loja, e o fabricante cultivador está seguro da venda tanto da sua obra, como do seu trigo, e legumes (70). Talvez bastassem, para animar os campos, onde se não estabelecerão ainda manufacturas, diminuir os impostos, aos que se distinguissem, distribuir prêmios, aos que o merecessem, eu gratificar proporcionadamente a cada peça de mercadorias, que se fabricasse, e, em huma palavra, ajudar, aos que disto se occupassem.

He deste modo, que se multiplicarão, e aperfeiçoarão as fabricas na Escócia, e Irlanda; este foi o meio, pelo qual principiou em Bresse o estabelecimento dellas.

Com effeito que razão ha, para dar aos estranhos hum proveito, que pôde conservar-se no interior do reino pela formação de estabelecimentos, que podem augmentar nossa população, e riquezas (71)?

Que razão ha para tirar, por exemplo, de Bruxellas, e Alemanha os pannos para colchóes, e grossos riscados, cujo consumo he tão considerável, e o fabrico tão fácil! O verdadeiro interesse de hum estado não he exigir sempre huma perfeição extraordinária nas obras.

No parecer dos Hollandezes, a mercadoria, que tem mais extracção, deve fabricar-se com preferencia. Não se interessão pela grande perfeição, porém sim pelo grande consemo (72).

Ah! he desnecessário saber o fim a que se devão applicar os Cañamos huma vez que os trabalhemos, e vendamos. Será sempre util trazer para a França as manufacturas estranhas, com tanto que o gosto da novidade táo reprehendido aos Francezes não faça desprezar as manufacturas naturaes ao terreno (73). Com razáo se disse, que o commercio da França totalmente contrariara os princípios de Mr. Colbert multiplicando prodigiosamente todas as diferentes manufacturas, que ha nas Cidades, desprezando aquellas, que convinha fazer universaes nos campos. He sempre de temer o extremo sacrifício ás artes de luxo, e o tal desprezo das occupações essenciaes de agricultura, e fabricas necessárias, que, como as do Cañamo, andáo inseparavelmente annexas huma á ontra. Náo somente, o Cañamo, por sua natureza, deve ser, hum objecto de mamifactura própria, e geral nos campos, porém ainda julgo, que jamais poderáo ser hum objecto lucrativo as muitas fabricas juntas nas Cidades. Todos sabem os inconvenientes de muitas manufacturas; as despezas do estabelecimento, a situação particular: a conservação dos edifícios, e os cuidados quasi sempre viciosos da administração, a infidelidade da maior parte dos obreiros, e suas intrigas, algumas vezes também a avareza dos interessados, e sua falta de attençáò fornecem razóes bastantes para rejeitar as idéas, que se poderião formar sobre isto. A manufatura de pannos he menos própria, que outra qualquer a suportar iguaes cargos. A facilidade, que tem os homens do campo de se ocupar em suas choupanas das diferentes preparações do Cañamo, e do panno mais perfeito lhes daria hum proveito superior a aquelle, que poderia produzir huma manucfatura junta, e a desigualdade desta concurrencia arruinaria infalivelmente a ultima.

Quasi só as forjas, as fanricas de vidros de espelho, de pólvora, de refinarde vidros de toda a casta, de porcelana, de tapeceira, e alguns outros objetos desta espécie podem suster as despesas de huma manucfatura junta, também as mercadorias delas são hum proveito muito superior, e menos inconstante, que a fabrica de panos. A manufactura dispersa nos campos he a única, que naturalmente pode convir ao fabrico do Cañamo, e têas. O uso he muito necessário, e comum, a operação muito geral, muito simples, e conhecida, para que possa fazer hum objecto lucrativo de empresa considerável, e he melhor o derramamento, que a reunião. A manufactura dispersa não he sujeita a gastos alguns, e não exige avanços; insinuase por onde acha mãos laboriosas, ou ociosas, e concorre necessária, e particularmente, de mãos dadas com a agricultura, a multiplicar os vassalo, a aliviar o lavrador, enriquecer as Provincias, e a fazer o estado inteiro feliz, florecente, e poderoso.

Omne tulit puncium, qui miscuit, utile duleí.

PROCESSO

Para branquear a roupa, as têas,
e estofos com agoa de castanha da índia.

A DILIGENCIA, que fizerão muitas Províncias por conhecer o meu novo methodo de preparar o Cañamo,
annunciado e em muitos Jornaes, e folhas periódicas, ac-
tualmente praticado com proveito em muitas Cidades do
reino, me obriga a crer, que se não receberá com menos
satisfação a descuberta á pouco (74) feita sobre o uso, e
propriedades da castanha da índia. Depois de diversas
experiências relativas ao meu primeiro objecto, por observações reiteradas, tanto sobre o fructo como sobre a
arvore, conheci, que a castanha da índia contém succos
adstringentes, aluminosos, detersivos, lexiviosos, e sapo-
náceos, cujo uso deve ser extremamente útil aos homens,
já na Medicina, já nas artes; e como o branqueamento
da roupa, e estofos parece ser huma conseqüência natural das operações ensinadas no Tratado antecedente,
pense ser conveniente não o separar delle.
Eis-aqui o processo, que he simples. Basta descascar,
e raspar (75) com hum instrumento de ralar assucar a
castanha da índia em agoa fria a agoa da chuva, ou dos
rios he melhor. O succo, que de si largao, dissolvido,
e delido em huma quantidade proporcionada de agoa,
serve pa lavar alimpar, e branquear a roupa, e estofos:
porem para dez ou doz camadas de agoa requer-se huma
vintena de castanhas.

Para a empregar, he necessário aquecella a ponto de a não poder supportar a mão. Quando absolutamente se não possa dispensar do sabão, ao menos será preciso menor quantidade, que a ordinária: esfregar-se-hão somente aquellas partes, em que a immundicia for mais tenaz, e esta ceremonia será tanto mais considerável, quanto mais onerosa he a despeza aquelles, que são obrigados a empregar o sabão em o trabalho quotidiano de suas obras como as lavandeiras, e lavandeiros de vestidos, e estofos. Eu fiz preparar vestidos, e carapuças de panno com agoa de castanha da índia de tal modo, que adquirirão a côr, e tinta necessária, as experiências feitas em estofos pizados no moinho com a mesma agoa tiverão igual successo. A roupa embranquecida com esta agoa adquire a côr azul clara, puxando para branca, que não desagrada, principalmente quando, depois de lhe ter extraindo em duas, outras agoas de castanha toda a sordidez, que a inquina, finda-se o processo por lavalla em huma bella agòa de rio. As experiências feitas á minha vista, e em muitas Cidades do Berri, servem de confirmar meus primeiros exames, e de satisfazer cada vez mais á aquelles, que nisto se occupão. Porém o que plenamente me convenceo da relação desta ultima descuberta com a primeira, he a tentativa, que fiz particularmente sobre o Cañamo, macerando o durante alguns dias em agoa de castanha da índia Depois de huma, leve esfregação as fibras do Cañamo ficarão separadas, doces, e brancas mais, do que aquelle, que tinha tão somente sido lavado em agoa pura. A actividade dos saes, de que abunda a castanha, e o óleo, que contém, furtarão inteiramente ao Cañamo a gomma mais adherente, e a que de todo não pode dissolver-se, foi obrigada a desfazerse em miúdas lascas. Com tudo daqui não deve concluir-se, que esta agoa produza em a roupa, e estofos hum effeito tão sensível, como o sabão de melhor qualidade; porém este modo de branquear ao menos não exige despeza alguma.

Os meninos mais fracos podem descascar, e ralar a castanha, sem temer prejuno algum, e quando se houver tirado todo o succo por meio de loções reiteradas, a pasta, que ficar sem amargo algum, e quasi insipida, misturada com farello poderá servir de alimento ás aves domesticas, e outros animaes da baixa corte. Finalmente as cinzas da castanha da índia darão muito boas lexivias. Esta primeira descoberta, apezar de sua utilidade, presentemente he apenas hum estofo das operações resultantes da primeira observação. Longe de me lisonjrear de ter dito tudo a respeito de huma matéria, sobre a qual me restão ainda tantas experiências por fazer, espero, que tão felizes começos poderão excitar pessoas mais hábeis, e mais intelligentes a reflectirem sobre todas as outras qualidades de castanheiro da índia, e sem fructo, assim como sobre a diversidade dos usos de hum, e outro.

Em quanto as propriedades médias da castanha chamada da índia, que também observei, e indiquei, he meu fim aconselhar antes, que a indaguem, do que fallar della, como meu objecto. Sabe-se que a castanha da índia reduzida a pó, he hum potente esternucatoria, do qual se deve usar com precaução. Como a castanha da índia contém muitos succos aluminosos, parecerá própria para curar hemorrhagias, ou por infusão tomada em bebida, ou por fumegação. He apparentemente pelas qualidades adstringentes que os Alveitares a fazem beber algumas vezes aos cavallos enfermos de polmoeira. Também se acredita que os succos aluminosos, de que abunda a castanha da India, fazem, com que difficultosamente se queime, e de resto dá mui poucas cinzas, por ser muito porosa.

FIM.

NOTAS

(1) Cannabis in silvis primum nata est. Plin. L. 20.
Quando a origem de huma Arte he desconhecida, faz-se preciso substituir em lugar da Historia Real a conjectura – e a Historia Hypothetica: então he certo que o romance he mais instructivo, que a verdade. Commummente o acaso suggere as primeras tentativas; no principio ellas são infructuosas, e ficão ignoradas: depois outro as repete, e consegue hum principio de successo, do qual ainda se não falla: hum terceiro caminha pelas pegadas do segundo; hum quarto pelas do terceiro; e assim em progressão – até que o ultimo producto das experiências he excellente, e o único, que se faz sensível. Não acontece o mesmo na origem, e progressos, tanto de huma Arte como de huma Sciencia; os sábios conversão, escrevem, fazem dar o justo preço às suas descubertas, contradizem, e são contradictos; estas disputas patenteão os factos, e verificão as datas. Pelo contrario, os Artistas vivem ignorados, escuros, e exulados; fazem tudo, levados sempre do interesse, e nunca da gloria. Há porem invenções, que huma família conserva por séculos inteiros, que transmitindo-se de pays a filhos, aperfeiçoão-se, ou degenerão, sem que se saiba precisamente, á que tempo, e a quem seja necessário referir tal descoberta. Os passos insensíveis, com que huma Arte caminha até chegar ao cume da perfeição, também confendem as datas. Hum colhe o Cañamo; outro o macera; aquelle o fia, obtendo no principio huma corda grosseira, depois hum fio, e por ultimo hum panno; porém de hum progresso a outro dista hum século inteiro. Finalmente aquelle, que levasse huma producção desde o seu estado natural até o ponto de hum emprego assim aperfeiçoando, com dificuldade seria desconhecido; porque não he possível achar hum povo, que vestido de hum novo pano, não pergunte a quem o deva; porem estes casos – ou nunca sucedem, ou sucedem raras vezes. Encycl. Vol. 3. P. 647.

(2) Cannabis sativa planta, magni usus in vita, ad robustíssimos funes facitandos. Dioscor. L. 3. Cap. 141.
Utillissima funibus Cannabis... Plin. L. 19. C. 9.
(3) Sabemos da Historia, que as fabricas de tecer, usadas entre os antigos, erão bem differentes das de hoje: os obreiros não estavão sentados, porém de pé, e quando fazião pannos, que tinhão avesso, então era necessário andar a roda da fabrica.
Arguto tenues percurrens pectina telas. Æncid. 7.
Homero. Herodoto, e Theophilacto nos certificão, que a ordidura de suas téas era estendida de alto a baixo, e que se trabalhava atravessando a trama, que depois se batia com huma espécie de cutello de pão, come pouco mais ou menos costumão nossos artifices de silhas.

(4) Os Thracios, segundo refere Herodoto L.5. erão a Nação mais numerosa, depois dos indios: sua origem, e nome provinha de Thiras – seu Patriarcha,

filho de Japhet: antigamente se denominavão deste modo, não somente os habitantes da Thracia, mas também os Gethas, os Dacos, e os Mysios: também algumas vezes os nomes de Thracia, e Scythia indiferentemente se tomão, hum por outro.

Nascitur autem apud eos (Scythas) Cannabis, Lino simillima, præter quam crassitudine, et magnitudine, sed multo quam nostra præstantior, vel sua sponte nascens, vel sata, ex qua Thraces vestimenta conficiunt lineis simillima, quæ nisi quis sit valde exercitatus, linea sint, an Cannabea, non queat dignoscere, et qui non viderit

Cannabem existimet lineum esse vestimentum... Herodot. Melp. pag. 281. edit. Græc. Lat. Henrici Stephani, ann. 1592.

(5) O Cañamo, que so cultivada na Grecia, não era tão bom, como o da Thracia; porém delle se fazião excellentes enxarcias, como depois veremos, e sem dúvida grossos pannos para velas – e outras obras desta espécie.

(6) Demisit ergo eos perfunem de fenestra... Josué C. 2. V. 15. Esta corda chama-se na versão Grega σπαρτιον.

(7) O termo linum, e λίγογ servia de exprimir todas as matérias próprias para a fabrica dos pannos, e cordames – como explica Roberto Estevão, em o seu Diccionario de Lingua Latina, quando diz λίγογ – ἀπὸ τδ λίνέω antiquo verbo quod est teneo, quia lino omnia tenentur.Cita a este respeito muitos Authores, que lhe derão nove, ou dez significações diferentes. Por esta razão a palavra linteum servia também para significar todas as sortes de tèas, quæ ex cortice Jini, Cannabis, aut bissi texebantur.

Linum pro Filo. Cels. L. 7.C.14
Pro Fune Nautico. Ovid. 3. Fast.
Pro Versiculo. Virg. I. Georg.
Pro Vinculo. Id. 5. Æneid.
Pro Velo navis. Homer. Ilied.
Pro Linteo, in quo dormitur. Id.
Pro Hamo Piscatorum. Id.
Pro Fidibus Nervorum. Id.
Pro cassibus quibus feræ capiuntur. Ov id
3. Met.

Hinc lino sparton non quo lintea, aut carbasa texerenuir, sed crassius linum, aut Cannabim, quo funes tantum torquerentur. Ao depois se verá, que a palavra spartum também era desta espécie veteribus græcis σποερτον dicebatur, id omne, cx quo fierent vitilia, aut funes, aliaque ad nexum idonea, ut sunt linum, Cannabis, Junci, Genistæ, &c. Vossius, Diction, Etimol.

(8) Os Hebreos – por exemplo, usavam da palavra Baal, para exprimir todos os Deoses e Deosas.

94

(9) In Græcia Sparti copia modo cæpit esse in Hispania, neoue ea ipsa facultate usi Liburni, sed hi plerumque naves loris suebant. Græci magis Cannabo, et stupa cæ erisque sativis rebus a quibus σπæρτæ, sparta appellabant. Aul. Gell. L. 13. C. 3.
In sicco praeferunt è Cannabe funes. Plin. L. 19. C. 2.
Este spartum, σπæρτον, fez muita dificuldade aos Sábios. Os Authores Gregos, assim como seus commentadores, fallão de tantos modos, que ainda se duvida, em que sentido se deva tomar. Huns sustentão, que seu nome se deriva de Satum, id est salivum, quando pelo contrario Plínio afirma que o Spartum da Hespanha sponte nasci, nec seri posso: he porém opinião dos melhores Authores que este termo tira a sua origem de σπείρειω necter – et complicare, por isso os Gregos costumavão dar este nome a tudo, que podia fiar--se, ou torcer-se. Além disto usavão do termo spartum para denominar toda a planta da natureza do Cañamo, assim como os Hebreos do termo Linho para significar três sortes de cousas, que sempre se confundem na Escritura Sagrada; isto he, Bad. Linum muito usado em enxarcias, e grossas têas; Schesch Gossipium mais fino, conhecido algumas vezes pelo nome de algodão, que tinha extracção para os vestidos dos homens de consideração; Ruz Byssus mui fino, e tão somente applicado para os ornamentos dos Padres, e do Templo: não he crivel, que o Cañamo, tão usual entre outras Nações, tenha sido ignorada pelos Judeos – antes he de presumir, que constitue huma das espécies de linho, de que fallão os differentes textos da Escritura, quando tratão das têas grossas, ou finas, ou dos cordames. A este respeito veja-se Ezech. C. 27. ψ. 26. Paral. 2. C. 4. ψ 21.; C. 15. ψ. 27. ψ. C. Paral. C. 2. ψ. 24.; C. 3. ψ. 24. Esther. C. 2. ψ. 6.; C. 8. ψ. 25.

(10) Tum mare transilias tibi torta Cannabe fulto.
Cæna sit in transtro. Pers. Sat 5. ψ. 146.

(11) Canabinisque funibus cornua jumeutorum ligato. Celamel L. 10. C. 2.

(12) Licinius Macer auctor est, et in fædere Ardeatino, et in linteis libris ad Monetæ inventa.... quæ si in ea re sit error, quod tam veteres annales, quodque Magistratuum libri quos linteos in æde repositos Monetæ, Macer Licinius, citat identidem Auctores... Tit. Liv. L. 4. C. 2. E. 20.
He no templo de Moneta que tão somente se costumavão guardar os Livros de teas, que continhão os destinos, e fatalidades do Império Romano. Os Samnites também se servião de têa para escrever. Tit. Liv L. 20.

(13) Attulerat nemo mappam, dum furte tementur. Mart. L. 12.

(14) Na continuação desta obra ver-se-hão que as innumeraveis utilidades, que tinha antigamente o Cañamo.

(15) Ubi vis magna sparti ad rem nauticam congesta ab Asdiubale. Tit. Liv.

(16) Sparteus generaliter pro quovis funiculo ponitur, sive é sparto nexus sit, sive è Cannabe. lino vel aliunde. Athen. L. 5.

(17) Græci juncos quippe ipsos, et Genistas, et quidquid denique ad funes nectendos, et aliquid ligandum verti posset, σπæρτον vocare: hi autem vocem lane σπæρτον, de herbis omnibus ad vitilia, nexilia, textiliaque aptis usurparunt....
Salmas. Exercit. Plin. Pag. 2. C. i., c acrescenta, ex lino Hispanico, quis putet rudentes navium tortos unquam fuisse. Nugatur itaque Solinus, nec enim ad id dixit Mela. Ex lino tamen armamenta navium etiam olim fuisse, eruditioribus placuisse, ibidem notat Plinius, qui versum Homeri ita interpretabantur, quoniam cum sparta lixit significaverit sata. Quæ non intelligo, quasi necesse sit σπæρτον nomine linum accipi, quia significaverit sata. An non et Cannabis sativa, de qua τúoπ ptœ, id est sata, in illo Homeri loco possümus interpretari. Nugatur itaque solinus, nisi dicamus eum sub materie rudentum, spartum tantum comprehendisse.
O Esperto de Hespanha, interpretado Giesta, he huma espécie de junco, juncum aridi soli, indigena de Carthagena; sua preparação quasi nada difere da do Cañamo, tendo o cuidado de o macerar: nasce naturalmente neste terreno, e não se pode semear. Entre os Gregos também tinha voga outra espécie de junco para a factura das enxarcias, que tinha o a nome toivos.

(18) Pezron. Cannabis, Græce kάvvalis, vel Kάvvalos, unde et Pelgicum Kennep, quasi Kanuab, herba est finibus faciendus idônea, a lino et tenuitate, et candore distans. Est vero kάvvalis, kάvva.

(19) Vossius.

(20) Nigriore folio, et asperior. Pl. L. 20. C. 23.

(21) Quad ad proceritatem attinet Rosea agri sabini arborum altitudinem æquat. Plin. L. 19. C. 9.

(22) O carvão desses troncas he muito propriopara a fabrica de pólvora.

(23) Quo densior eo tencior...Plin. L. 19. C. 9.

(24) He quasi impossível assignar o tempo, que se gasta em estremar o Cañamo, porque pende de muitas circunstancias. Quando o Cañamo não excede hum pé de altura; he sinal, que medrou pouco, e que ficara neste estado de crescimento, sendo algumas vezes causa disto os grandes calores, e outros contratempos; quando porém chega a quatro, ou cinco pés de altura antes de extrema, he claro, que crescera depois. O Cañamo florífero ordinariamente excede ao fructifero em meio pé. Esta superioridade, na ordem da natureza, pode ter algum fundamento, se he verdade, que o pó originário das flores também fecunda o grão sobre os troncos, que o devem produzir.

(25) Chama-se em Botânica Plumula.

(26) Os Botânicos chamão folhas seminaes.

(27) Sêmen ejus extinguere genituram virorum dicitur. L. 20. C. 23.

(28) Sed cum dolore capitis ibid.

(29) De Ia Mare, Traite de Police.

(30) Gallien, Lib. 7. de Simol. Medic.

(31) Succus ex eo verniculos aurium, et quodcumque intraverit, ejicit. Plin. L. 20. C.23

(32) Acha-se em muitas Authores, que gabarão seus effeitos. Vede Emulsio Cannabina ad Gonorrhhaeam de Doleus Emuler Michaelis, et Minschit. &c.

(33) De Lamare. Trait. de Pol. L. 5. tit. 25. aonde cita Simeão Sellei de aliment. facult. C. Apitii, de re culinar.

(34) A ordenonca das águas, e florestas, sobre este artigo, parece ser de pouco fundamento.

(35) Tantaque vis ei est, ut aquæ infusæ eam coagulare dicatur, et ideo jumentorum alvo succurrit pota in aquam. Plin. L. 20. C. 23.

(36) Radix contractos articulos emollit, in aqua cocta; item podagros, at similes impetus: ambustis cruda illinitur, sed sæpius mutatur, priusquam arescat. Plin. L. 20. C. 23.

(37) Repertaque Lintcorum Lanugo, e villis narium maritimarum maxime, in magno usu Medicinæ est, et cinis spodiivim habet. Plin, L. 19. C. 1.

(38) Os metaes achão-se em três estudos nativo, salino, e mineralisado; quando o zinco se acha no estado de oxido, que pertence á divisão salina, dão-lhe os Chymicos o nome de pedra calaminar: a tuthia porém he o oxido de zinco separado pela fusão das minas de chumbo, e depois sublimado nas chaminés das fornalhas, aonde se deposita em crusta cinzenta. T.

(39) At pauper rigui custos Alabandicus horti
Cannabias nutrit silvas, quam commoda nostro
Armenta operi! getavis est tutela, sed ipsis
Tu licet Æmonios includas retibus ursos, Gratius in Cyneget. v, 46.

(40) O Concelho promulgou acordãos a este respeito em Dezembro de 1719, em Maio, e Junho de 1722, que seria bom examinar.

(41) Deinde utilissima funibus Cannabis seritur a favonio ... Plin L. 19. C.9.

(42) He impossível dar regras geraes, porque pendem da qualidade da terra, e do Cañamo, o que varia sempre; tão somente pode-se estabelecer de certo, que he uso commum semeallo mais espaçoso que o trigo.

(43) Quo densior eo tenuior. Plin. Los. eit...

(44) Hoc tempore Cannabum seris. Palladius L. 3. C. 6.

(45) Seria nocivo deixallos por mais tempo; porque, além da prejuízo causado aos outros, serião inúteis, e perderião, seccans do, sua forca, e qualidade.

(46) Rouir. Alguns derivão esta palavra de Ros, porque em alguns lugares he usual orvalhar o Cañamo para o macerar. Em baixa Latinidade, dizia-se Rohiare em lugar de rouir, e Rothorium em vez do lugar, onde se macera o Cañamo. Da cange. Na Ordenação do Imperador Frederico; que compóem o titulo 35 do Livro III. das Constituições da Sicilia, chama-se Cannabum maturare, macerare, diluere aqua subigere. Outros persuadem-se, de que a palavra rouir provem da còr roxa, que o Cañamo adquire nesta operação.

(47) Como as operações são tanto melhores, quanto são mais perfeitas, seria bom cortar as duas extremidades do Cañamo, e principalmente as raizes, que só servem de destruir o resto da estopa do Cañamo.

(48) Muitos julgarão que a operação da maceração era, indistinctamente, hum principio de podridão de toda a planta, necessária para romper mais facilmente a cana do Cañamo; porém esta opinião não parece justa: a cana despedaçar-se-hia, ainda que não fosse macerada; porém a estopa, ou casca não se tiraria com tanta facilidade pelas razões que apontei. Com efeito, fique o Cañamo alguns dias mais, ou menos debaixo da agoa, a diferença na cana he nulla; porém he muito sensível, e de muita conseqüência na casca.

(49) Semen ejus cum est maturum ab aequinoxio autumni defringitur, et sole, aut vento, aut fumo siccatur. Plin. L. 19. C. 9.

(50) Em muitas partes do baixo Berri, Argis, Busançois, Azay, Martiiai, &e.

(51) Acredito, que somente se deve espadellar o Cañamo mais grosso, por quanto seria mais penoso, e dijficil tasquinhallo.

(52) Ipsa Cannabis vellitur post vindo miam, ac lucubrationibus decorticata purgatur. Plin. L. 19. C. 9.

(53) O Cañamo de Bretanha he melhor, que o do Norte, assim pensão, os que delle se servem.

(54) Além do uso, que antigamente se fazia do Cañamo para tèas, fios, e cordas, fabricava-se ainda quantidade de obras de grande consumo, como fios, redes, linhas de pescadores, e laços para caça. Optima alabandica plagarum præcipue usibus. Plin. L. 19. C. 9.; cordões, silhas – escadas, pontes, calçados, vestidos, capacetes, escudos, cota de armas, urnas, quartas, cestos, cabos, e apprestos de navios, como se pode ver em Aulo Gellio, Columella, Catão, Hesychio, Plinio, Tito Livio, Xenophante, Cineg Pollux, Catullo, Actioo, Paulo Eginete, &c. Depois destes ainda não multiplicamos muito seus usos, com a factura de papel, e papelões – cujo consumo hè assaz grande: ha razão para crer, que a impenetrabilidade das couraças, escudos – e capacetes feitos de Cañamo preparado com vinagre, pendia da natureza desta planta – cujos effèitos reconhecemos no papel: quando se diz, que huma bala, ou espada não tem força para passar multas folhas de papel juntas. Muitos Authores assegurão, que se usava do Cañamo, e linho crü, sem ser macerado, id est non maceratum – não somente para a factura das cordoalhas, como diz Plinio, funes excrudo sparto, porém mesmo de pannos, linteum crudarium, id est ex crudo lino, vel Cannabo factum. Æschvilius, Pollux, Galenus, Aetius, Paulus, Mesyahius.

(55) Os pentes, de que usavão os antigos tinhão os dentes recurvados, á maneira de anzóes, quando pelo contrario os nossos ostem direitos, e postos perpendicularmente. Et ipsa tamen pectitur ferreis hamis, do. nec omnis membrana decorticetur. Plin. L 19. C 1.

(56) Nostro more Cannabis, aut linum vulsum siccatur, in aquam mergitur, et maceratur; deinde tunditur, mox pectitur, postea netur, ultimo texitur, textum que adhuc flavum est donec frequentibus lotionibus, et aspersionibus aquae candorem sibi conciliet. Ars est quippe, qua candor illi quaeritur, sed detexto tantum et jam linteo; crudariam telam vulgo dicimus, quae postquam detecta est lotionem lixivam, non est experta, similiter et crudarium filum, quod a netu lixivo lavacro maceratum non fuit. ... Salmas, exercit, Plin. pag. 765.

(57) Experimentei que huma vez, que se tivesse o cuidado de torcer o Cañamo, era mais commodo não o pôr de modo, que senão pudesse misturar.

(58) O Cañamo herbacco, verde, adquire na lexivia a maior perfeição possível; por tanto he quase desnecessário batello, porque se faz branco sem fadiga, e sem perda.

(59) Pela mesma razão, a agoa dos rios he mais útil no Estio, que a das fontes, por isso que esta, em tal estação, he muito fria.

(60) Bem longe esta da verdade, o que disser que as operações acima numeradas são muito longas, de muita despeza e trabalho. Seria melhor dizer que, como são novas, estranhão-se por falta de habito; porque, comparando-as com os cuidados, trabalhos, e gastos, que o povo com paciência tolera por habito, por exemplo, quando fabrica o pão em sua casa, então ver-se-ha com evidencia, que não poderá allegar outra razão mais, do que o uso. Considere-se por hum momento o tempo, que se gasta em comprar o trigo, em moello, depois em acarretallo e finalmente o tempo, que exige o fabrico do pão, ou no campo, ou na Cidade; então ficará fora de toda a divida, que tudo isto requer hum tempo consideravel, que desvia das outras occupações aquelles, que a esta se empregão, que os obriga a despender e quasi sempre os desarcanja. Se se der crédito ao calculo feito por hum hábil homem o total da perda, que resulta da compra do trigo, e fabrico do pão pelos particulares, monta em todos os annos a quarenta e hum milhão seiscentos e sessenta e seis mil seiscentos e cincoenta libras de nossa moeda, que o estado pouporia, se este trabalho fosse unicamente depositado nas mãos do padeiro. Nesta perda não entra o gasto feito em lenha que he muito considerável, quando cada hu he obrigado a accender seu forno. Não entra também a perda particular, que pende da mao fabrico do pão em comparação daquelle, que fosse bem acondicionado, bem cozido, e comido no tempo mais proveitoso á saúde. Com tudo a pezar das diferentes operações, que proponho a respeito do Cañamo, rejeita-se ou despreza-se, as que eu acabo de narrar, arruinão, e nem assim o povo as larga, antes se aproveita; tanto pôde a força do habito, e do prejuízo no vulgo e na ignorância!

(61) He sabido, que o fio fabricado com as estopas pode perfeitamente servir para mechas das velas de cera, e de sebo.

(62) Plinio nos assegura, que no seu tempo já se tingião as téas da mesma sorte, que as drogas, de cores vivas; que Alexandre Magno, em huma acção atentada contra os índios, para os apanhar de súbito, fizera tingir as velas, e aprestos dos navios. As velas do navio, em que se salvou Cleoputra com Marco Antônio, em o Cabo Figo de Albânia, erão tinas de còr de purpura. Os mesmos pannos, com que se cubrião as ruas, as praças públicas, e theatros, erão tintos de vermelho, azul, e outras cores de preço, conforme a magnificencia, e riquezas, dos que davão as festas.

(63) Em o Cañamo preparado achamos, além da seda, pelo, lã, e algodão, huma matéria até o presente não existente no commercio, e fabricas, e que pode vir à ser muito útil. Misturado em lã por exemplo, meio por meio, he de grande interesse nas fabricas de çaraouças, e pannos de lã, que em nada diferem dos feitos só com lã, ainda a mais perfeita. A estopa misturada com algodão faz também téas, estofos – e ainda espécies de cubertas, que, por sua brancura, doçura, fineza, e outras qualidades, poderão ser preferíveis ás que pretendiao imitar-se.

Também não duvido, que se possa empregar na fabrica de chapèos, por quanto não será dificultoso fazer filtros, misturando os com a lã reservada para este uso. Della sè farão vestidos de caça, e para as tropas; calções, mochila, cubertas de meza próprias para jogo, e escrita, e quantidade de outras obras ordinariamente de pelle, e que custão muito caro.

Em huma palavra as estopas, pelas differentes combinações – adquirem a natureza, e propriedades das matérias, com quem são susceptíveis de liga, e o preço dellas diminue tanto, quanto as matérias são mais caras, mais exquisitas, e raras.

Não entraremos em maior detalhe; estas observações, por isso que nos são particulares, serão sempre limitadas, e imperfeitas; porém as idéas propostas receberão facilmente a forma, e extensão conveniente das luzes, e experiência daqueles, que estiverem a testa do commercio, e fabricas. Tão somente podemos certificar, que inserindo nas manufacturas, e commercio esta quinta matéria (Cañamo preparado) que se poderia suppòr creação nova, he nào sómente ajuntar huma quinta ás quatro, que ha tanto tempo se conhecem; porem, para me servir de termos Mathematicos, he ainda elevar cada huma dellas muito acima da quinta potência.

(64) Lemos em Plinio, que antigamente usava-se de huma espécie de dormideira no branqueamento das tias.... Est et inter papavera, genus quoddam quo candorem lincea præcipue trahunt... Plin. L. 19. C. 1.

Se nos faltar a conhecimento desta espécie de dormideira, da qual Plínio nos assegura, antigamente usara no branqueamento dos pannos, acautelaremos esta perda servindo-nos para isto da castanha da India, cuja preparação não he de gasto, nem difficil. Como este fructo he geral em todos os paizes, poder-se-ha experimentar do modo, que ensino em o fim desta obra.

(65) Ad veteres cannabem, aut linum iterum in filo polibant, et silici crebro illi debant cum aqua, textumque rursus clavis sundebant... Sal mas, exercit. PI. Pág. 765.

(66) Junto a Toulon há hum moinho de papel, no qual á muito tempo se aproveitão as pontas das cordas.

Quæsivit lanam, et linum, et operata est consilio manuum suarum... Antigamente entre os Hebreos, Gregos, Romanos, e quasi todos os outros povos, todas as mulheres fazião panno, e estofos. As Rainhas, e Princezas não se envergonhavão destas occupações, que estão hoje nas mãos dos mais vis artistas. Via-se Bethsabée, consorte do Rei David, que cuidava seriamente nos trabalhos domésticos, e familiares, fazendo ou mandando fazer téas, ou estofos para hábitos da sua família: a Rainha Penelope, esposa de Ulisses urdindo huma téa mufina: a Deosa Calipso entregue ao mesmo gênero de oecupação, Omphala, Rainha da Lydia, occupada em fiar: e o famoso Hércules como mais effeminado dos homens, obrigado a pegar na roca, e fuso, para

101

lhe agradar. Alexandre Magno, faltando á mãi de Dario, e mostrando-lhe seu vestido, lhe diz: este habito que vedes, minha mãi, foi feito pela mãos de minhas irmãs; he não somente presente, que me fizerão, mas também trabalho próprio dellas. Augusto ordinariamente não se servia, em casa de outros vestidos mais, do que os feitos pela Imperatriz, sua esposa, sua irmã, filhas e netas. Eginhard conta pouco mais, ou menos, o mesmo de Carlos Magno. Telemaco dizia á sua mãi querendo intrometter-se em outros negócios; minha mãi, applicai-vos ao vosso trabalho doméstico, pegai na roca, trabalhai na tèa, e o mesmo ordenai a vossas criadas. Sozomene conta que as mulheres, sahindo do lugar, aonde passavão no fabrico de seus pannos, armados de lançadeiras, passárão com ellas alguns Santos Martyres, en Gaza de Palestina. Bíbl. de Calmet. Prov. C. 31. V. 13.

(67) He talvez a liberdade, que ha na Suissa, e Silesia de fabricas, e vender indistinctamente toda a sorte de pannos, não sujeitos a Mezas, ou Juntas, que os asselem; a que se deve a multiplicação da venda, e fabricas. Ainda que estes Tribunaes tenhão sido estabelecidos na França com muito boas intenções, ha com tudo inconvenientes, que impedem a multiplicação, e extensão das manufacturas. Obrigando a todos os fabricantes de pannos, que assellem todas as suas peças, segue-se que senão podem fabricar pannos, senão na visinhança dos lugares, onde não houverem os ditos Tribunaes; assim com o pretexto de aperfeiçoar a indústria, e de firmar huma melhor fabrica, enfraquece-se, e sempre se diminue; daqui procede a falta do adiantamento, e multiplicação das nossas fabricas ha 25 ou 30 annos, a pezar do grande consummo, que tem os pannos: as fabricas ficarão como concentradas no lugar em que nascerão, em quanto as dos nossos visinhos fizerão progressos capazes de excitar nossa emulação, e inveja.

(68) He opinião commum, que bastão quinze geiras de terra para occupar e entreter hum trabalhador que tenha dez bocas que sustentar. Os antigos Romanos davão tão somente, sete a mais numerosa família de hum paisano.

(69) Sindonem fecit, et vendidit, cingulum tradidit Chananeo. Os mercadores de Phenicia, designados pelo nome Chanamo, commerciavão por toda a parte, e a vizinhança de seu paiz, e da Judea dava á mulher forte a facilidade de lhes vender tudo, que podia aproveitar. Ella vendia as suas próprias obras, e das suas criadas; este trafico nem era baixo, nem vergonhoso. Os homens mais honestos, os Principes mesmo, e os Reis, não punhão a isto obstáculo algum. A mulher trabalhadora vendia panos finos, drogas e roupa. &c. Bibl. De Calm. Prov. C. 31. V. 24.

(70) O commercio dos Lavradores he, o que merece a maior attenção dos políticos; se se não animar a indústria, poder-se-hão ter algumas Cidades florentes em manufacturas; porém o corpo inteiro da nação existirá sempre mal organisado. O maior número dos Cidadãos vivirá mergulhado na miséria,

e para tirar meios de os soccorrer, será necessário pisallos com barbaridade. Princip. de Negot. por M. l'Abbé de Mably. 1757. pag. 236.

(71) O Rei de Hespanha, desejando fazer florecer as manufacturas em seu Reino, estabelecidas a alguns annos, acaba de prohibir em seus estados a entrada dé estofos fabricados em Gênova, o que diminuirá em muito o commercio desta Republica.

(72) A grande perfeição he huma consequencia natural do grande consummo, e fabrico.

(73) A política dos Inglezes a este respeito, he admirável. Para promover a extracção das lãs, que são mais abundantes que o Cañamo, prohibio-se o sepultar os mortos envolvida em téas feitas de Cañamo; por isso que ha manufacturas de estofos de lã, unicamente destinados a este uso.

(74) Em Setembro de 1757.

(75) He necessário ralar a castanha bem fina, e preparar a agoa dez, ou doze horas, antes de a empregar, a fim de que esteja melhor impregnada dos suecos da castanha. Move-se de tempos em tempos; para a applicar aos usos necessários, tira-se por cima o devasito formado com huma tigella, ou por inclinação, meio quarto de hora de pois de movida, e quando está branca, e carregada como huma espécie de agoa de sabão, escuma e crepita. A operação de ralar a castanha pelo costume, não será tão longa, e dificultosa como parece no principio. Sabe-se perfeitamente, que para empregar em grande estas castanhas, he necessário resumir e simplificar o trabalho, que se executará, moendo com a mó a castanha da India secca, e descascada, até reduzir-se em farinha, ou formar huma pasta, no caso de não estar bastantemente secca, que facilmente se dissolverá na agoa.
A experiência mostrou, que se poderia substituir ao sabão a agoa de castanha da India na preparação dos pannos depois de os ter feito purificar com terra pingue, coma he costume em as manufacturas e fabricas de apisoar desta espécie. Para este efeito, he necessário lançar no gral huma quantidade de agoa de castanha suficiente para humedecer e dar, corpo aos pannos que se quizerem apisoar. A esta agoa dar-se-ha o gráo de calor proporcionado, e ter se-ha o criado de renovar tantas vezes, quantas parecer necessário.

Este livro foi composto com a tipologia
Garamond Pro e impresso em papel
Pólen Bold 90g/m² em maio de 2021.